油品销售企业环保系列丛书

环境风险与应急

王　靓　牛思雅　主编

中国石化出版社

HTTP://WWW.SINOPEC-PRESS.COM

内 容 提 要

《环境风险与应急》是"油品销售企业环保系列丛书"之一，全书由风险篇和应急篇组成。风险篇从我国环境风险面临的形势、油品销售企业开展环境风险的意义展开，重点阐述环境风险识别和管控方法，主要包括国内外环境风险管理发展、环境风险评价方法、销售企业环境风险评价实例、环境风险管控、环保隐患排查治理等内容；应急篇以《中华人民共和国突发事件应对法》为依据和框架，梳理环境应急管理理论，规范相关概念，明确各环节的任务和要求，总结多年实践经验，探索和展望环境应急管理工作的发展趋势。全书旨在指导和帮助油品销售企业开展环境风险识别、管控与应急工作。

《环境风险与应急》适合油品销售企业机关、片区、库站等从业者阅读参考。

图书在版编目（CIP）数据

环境风险与应急 / 王靓，牛思雅主编 . —北京：中国石化出版社，2020.5

（油品销售企业环保系列丛书）

ISBN 978-7-5114-5763-9

Ⅰ.①环… Ⅱ.①王… ②牛… Ⅲ.①石油销售企业—环境管理—风险管理—研究 Ⅳ.① X74

中国版本图书馆 CIP 数据核字（2020）第 056254 号

中国石化出版社出版发行

地址：北京市东城区安定门外大街58号
邮编：100011　电话：（010）57512500
发行部电话：（010）57512575
http://www.sinopec-press.com
E-mail: press@sinopec.com
北京富泰印刷有限责任公司印刷

*

710×1000毫米　16开本　16印张　266千字
2020年6月第1版　2020年6月第1次印刷
定价：66.00元

《环境风险与应急》
编　委　会

好书不厌百回读，熟读深思子自知。收获一本好书犹如结识一位挚友，在安静中相识，在交流中收获，在深入后自省。《油品销售企业环保系列丛书》正是这样一位良师益友，通过反复地阅读，会让每位读者对成品油零售行业的环保工作有了崭新的认识，也更深刻地领悟"绿水青山就是金山银山""山水林田湖草是生命共同体"的真谛。

近年来，生态环境的持续恶化已经严重影响了正常的生产生活秩序。国家重拳出击，以雷霆之势迅速打响蓝天、碧水、净土污染防治"三大战役"。绿色环保已经成为企业健康快速发展的前置条件，更成为在严苛市场竞争中的金字招牌、企业的核心竞争力。

作为"美丽中国"的践行者，中国石化销售企业的员工必须要有"打铁还需自身硬"的态度，扎实工作，努力让环保工作再上一个新台阶。这套从实践中来再到实践中去的丛书，深入浅出、简洁明了地讲解知识，以点带面，易读好用。不仅系统进行了知识梳理，还从突发事件的应急处置到前车之鉴的事故案例，提示了各类环保隐患和风险，同时还创新性地融入了互动交流模式，提纲挈领、阐述要点，值得推荐。

进学致和，行方思远。希望我们每一位读者在此书的阅读中，学有所思、学有所获、学以致用，共同建设美丽中国。

目录
CONTENTS

上篇

环境风险篇

本篇从我国环境风险面临的形势、企业开展环境风险的意义展开，重点阐述环境风险识别和管控的方法，对企业开展环境风险识别管控工作形成指导。包括国内外环境风险管理发展、环境风险评价方法、销售企业环境风险评价实例、环境风险管控、环保隐患排查治理等内容。

第一章

突发环境应
急管理概述

扫码即获更多阅读体验

本章从我国应急管理的基本理论出发，以突发环境事件的类型、特点为着手点，阐述了中国特色环境应急管理的理论框架，分析了当前我国环境应急管理现状，为进一步做好环境应急管理工作提供充分的理论支撑和现实指引。《中华人民共和国环境保护法》用完整独立的第47条（共4款），对环境应急管理工作进行了全面、系统地规定，明确要求各级政府及其有关部门和企业事业单位，要做好突发环境事件的风险控制、应急准备、应急处置和事后恢复等工作。《中华人民共和国突发事件应对法》对突发事件预防、应急准备、监测与预警、应急处置与救援、事后恢复与重建等环节作了全面、综合、基础性的规定。《突发环境事件应急管理办法》是在环境应急领域对新修订《中华人民共和国环境保护法》及《中华人民共和国突发事件应对法》的具体落实。

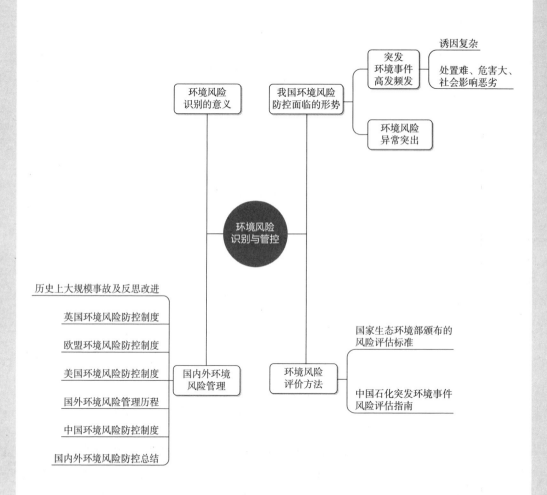

环境风险
识别的意义

我国环境风险
防控面临的形势

突发
环境事件
高发频发

诱因复杂

处置难、危害大、
社会影响恶劣

环境风险
异常突出

环境风险
识别与管控

历史上大规模事故及反思改进

英国环境风险防控制度

欧盟环境风险防控制度

美国环境风险防控制度

国外环境风险管理历程

中国环境风险防控制度

国内外环境风险防控总结

国内外环境
风险管理

环境风险
评价方法

国家生态环境部颁布的
风险评估标准

中国石化突发环境事件
风险评估指南

第一节 环境风险识别的意义

　　石油行业属于危险行业，销售企业经营的汽油、柴油等具有易燃、易爆的特点，这一行业特征决定了在生产经营中各类事故事件发生的可能性。事故除可产生严重的安全危害后果外，如果处理不当，还会引发环境污染的恶性事件。国内曾发生多起因生产安全事故引发的环境污染，带来了严重的危害后果，引起社会广泛的关注。

　　较之于安全事故，环境污染事件具有危害范围大、后果严重、难以恢复等特点。因此，污染防控是环境工作不可缺少的内容。为了最大限度地减少环境破坏和社会影响，实施积极预防措施，促进企业的可持续发展更显重要。企业应对生产运行过程中可能发生的突发性事件、事故或自然灾害条件下可能导致的环境污染及其他潜在的环境风险进行识别、评价，从而制定有针对性的、合理可行的防控措施和应急预案，降低企业环境风险。

第二节 我国环境风险防控面临的形势

　　2018年5月18日，习近平总书记在第八次全国生态环境保护大会上指出"总体上看，我国生态环境质量持续好转，出现了稳中向好趋势，但成效并不稳固。生态文明建设正处于压力叠加、负重前行的关键期，已进入提供更多优质生态产品以满足人民日益增长的优美生态环境需要的攻坚期，也到了有条件、有能力解决生态环境突出问题的窗口期……我们必须咬紧牙关，爬过这个坡，迈过这道坎。"这个判断阐明了我国现阶段环境风险防控面临的攻坚期的形势。从中华人民共和国生态环境部（以下简称"生态环境部"）网站数据分析，突发环境事件在近年来有以下特点。

一　突发环境事件高发频发

　　生态环境部通报的2010～2017年全国突发环境事件的基本情况如图1-1所示。

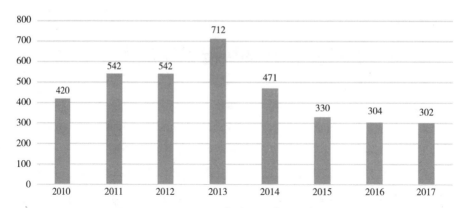

图1-1   2010～2017年全国突发环境事件数量

由图可知2010～2017年全国突发环境事件呈多发态势，在2013年出现峰值，而随着近年来国家对环境的专项治理工作。

突发环境事件逐年降低。突发环境事件特点如下：

1. 诱因复杂

据统计，突发环境事件的诱因主要有安全生产事故引发、交通运输事故引发、违法排污引发和其他原因引发。

1) 安全生产事故引发

危化品企业超温、超压运行或其他原因导致泄漏、起火、爆炸，污染物外放不受控，引发突发环境事件。

【案例1】松花江特大水污染事件。2005年11月13日，某双苯厂发生爆炸，共造成5人死亡、1人失踪，60余人受伤，约100吨苯系物进入松花江，形成100公里污染带。H市停水4天。经济损失6908万元，在国内外造成巨大影响。

2) 交通运输事故引发

运输危险化学品或污染物的车辆出现交通事故后，车辆储罐发生泄漏，引发突发环境事件，污染周边土壤、水体，危害周边居民身体健康。

【案例2】J省H市京沪高速淮安段"3.29"氯气泄漏事件。2005年3月29晚6时50分左右，京沪高速公路H市段上行线103K+300M处发生交通事故。一辆载有液氯的槽罐车与货车相撞。导致液氯大面积泄漏。由于液氯泄漏，造成了公路旁3个乡镇村民的重大伤亡，共死亡28人，住院350多人，其中包含36名官兵（25名消防员，5名公安，6名武警）。转移周边群众2万多人。

【案例3】Z省交通事故致苯酚泄漏事件。2011年6月4日晚，一辆槽罐车发生交通事故，约有20吨泄漏苯酚随消防水和地表水流入新安江，造成部分水体受到污染，导致F市5个水厂暂缓取水，涉及55万人。6月6日，引发市民恐慌出现抢水。

3）违法排污引发

部分企业法律意识淡薄，一味追求经济效益，在明知排污超标的情况下，依然违法排污，引发突发环境事件。

【案例4】 某焦化有限公司污染环境案。2014年3月，某焦化有限公司二期生化处理站的生化池出现活性污泥死亡，不能达标处理蒸氨废水。发现这一情况后，在未采取有效措施使蒸氨废水处理达标的情况下，为逃避环保部门的监管，该公司捏造达标的虚假水质检测表，并将这些未达标处理的蒸氨废水用于熄焦塔补水，导致蒸氨废水中的挥发酚被直接排入大气，严重污染环境，经检测，熄焦塔补水中的有毒物质挥发酚超出国家规定标准137倍。

4）其他原因引发

其他原因引发的和突发环境事件。

【案例5】 S省F县615名儿童血铅超标事件。2009年8月3～4日，S省F县工业园附近的C镇D村、S村两个村有615名儿童发现血铅超标。F县县委、县政府和工业园管委会未能正确处理经济发展与环境保护的关系，环境保护措施落实不到位，未能按期组织对D公司卫生防护范围内的村民实施搬迁。市环保局、F县环保局未认真履行职责，对重点污染企业D公司及周边环保问题监管不到位。D公司在卫生防护范围内村民未搬迁的情况下从事铅锌冶炼，是引发该地区部分儿童血铅超标的主要原因。

2. 处置难、危害大、社会影响恶劣

1）环境严重污染、民众受害

【案例6】 D市输油管道爆炸事故。2010年7月16日，位于L省D市保税区的某公司原油库输油管道发生爆炸，引发大火并造成大量原油泄漏，导致部分原油、管道和设备烧损，另有部分泄漏原油流入附近海域造成污染。事故造成作业人员1人轻伤、1人失踪。在灭火过程中，消防战士1人牺牲、1人重伤。据统计，事故造成的直接财产损失为22330.19万元。

【案例7】 G省龙江镉污染事件。2012年1月15日，G省龙江河拉浪水电站网箱养鱼出现少量死鱼现象被网络曝光，龙江河宜州市拉浪乡码头前200米水质重金属超标80倍。时间正值农历龙年春节，龙江河段检测出重金属镉含量超标，使得沿岸及下游居民饮水安全遭到严重威胁。

2）社会影响大

【案例8】 X市PX项目事件。2007年F省X市对海沧半岛计划兴建的对二甲苯（PX）项目所进行的抗议事件。该项目由台资某企业投资，将在海沧区兴建计划年产80万吨对二甲苯（PX）的化工厂。厂址设在X市海沧投资区的南部工业园区，由于担心化工厂建成后危及民众健康，该项目遭到百名政协委员联名反对，市民集体抵制，直到X市政府宣布暂停工程，PX事件的进展牵动着公众的眼球。

3）企业受损

【案例9】 F省某矿业集团公司紫金山金铜矿湿法厂"7.3泄漏污染"事件，影响上杭经济发展。2010年7月3日，该公司金铜矿所属铜矿湿法厂污水池HDPE防渗膜破裂造成含铜酸性废水渗漏并流入6号观测井，再经6号观测井通过人为擅自打通的与排洪涵洞相连的通道进入排洪涵洞，并溢出涵洞内挡水墙后流入汀江。此过程泄漏含铜酸性废水9176m³，造成下游水体污染和养殖鱼类大量死亡的重大环境污染事故，是国内最大黄金生产企业废水污染河流事故，对企业的声誉和发展造成重大影响。

4）地方形象受损

【案例10】 H市血铅事件。Z省某公司成立于2003年5月，位于Z省H市D县工业园区，主要生产销售摩托车小型启动铅酸蓄电池。2011年3月该公司职工及附近村民在自发体检中陆续发现血铅超标情况。5月2日起，D县政府开始组织企业周边村民进行血铅检测，该公司也安排职工进行了职业病防治体检，对2152名职工和村民进行了血铅检测（职工及家属1231人、村民921人），血铅超标332人，其中职工及家属327人，村民5人。超标人员中成人233人（职工232人，村民1人），儿童99人（职工子女95人，村民子女4人）。事件一方面对广大人民群众的身体造成损害，另一方面也严重影响H市环保模范城和D县生态示范县整体形象。

二　环境风险异常突出

我国用了30多年时间完成了西方国家几百年工业化与城镇化的发展历程。我国工业化、城镇化加速发展，重化工行业占国民经济比重较大，经济增长方式比较粗放，行业企业结构性、布局性环境风险较为突出，虽然当前在持续开展转型，但仍存在以下突出风险。

1. 石油石化等行业企业布局性环境风险突出

一是化工石化企业呈现"三临"（临海、临江、临河）布局特征，几个石化产业基地中，大多数处于河流、沿海地区。

二是化工石化企业多临近自然保护区、人口密集区等环境敏感区，一些老企业逐渐被城镇包围。

三是一些石化产业基地资源环境承载力有限。

2. 部分企业环境保护主体责任落实不力

（1）片面追求利润最大化，忽视环保责任，防范环境风险意识差。例如，在案例5中的S省F县615名儿童血铅超标事件，F县委、县政府和工业园管委会未能正确处理经济发展与环境保护的关系，环境保护措施落实不到位，未能按期组织对卫生防护范围内的村民实施搬迁。又如案例9中F省的"7.3泄漏污染"事件，企业一味追求降低冶炼成本，导致黄金在提炼过程中产生剧毒的氰化钠和含重金属的毒污水。而企业不重视环保在污水处理环节舍不得投入，设施质量差，最终导致含铜酸性废水泄渗酿成事故。

（2）环境风险防控设施和应急救援物资缺乏。从国家前期开展的"全国重点行业企业环境风险与化学品检查"情况看，环保专用的防控设施和应急物资配备缺乏，与安全类未区分管理，或是未从环保角度出发配备，如事故池、清污分流、污水处理、堵漏防渗物资、泄漏回收设备、环境监测设备等。

（3）环境应急预案针对性、操作性差，与安全生产应急预案混为一谈。企业普遍缺乏将控制污染物、泄漏物等作为应急状态下重要工作的意识，往往和安全工作共同开展，重要性排在安全之后。

（4）环境应急管理制度不健全，环境隐患排查治理不彻底。各企业还没有建立、健全环境保护的制度，没有用于环境隐患排查的标准，各类隐患屡查屡有，整治不彻底。

3. 化工园区环境风险

化工园区的环境风险有四个方面：

一是部分园区缺乏统一的科学规划，园区布局不合理；

二是项目准入门槛低；

三是环保基础设施建设滞后；

四是部分园区环境风险控制机制不健全。

以2010年7月16日D市输油管道爆炸事故为例。如图1-2所示，D市某保税区国际能源港仓储规模大、储存介质多、各库区之间以及库区内各罐区之间高密度布局，一旦某罐区发生生产安全事故，都会涉及其他罐区引发连锁反应，造成巨大的经济、财产损失并引发环境污染问题。

图1-2　D市某保税区

2019年X市天某化工有限公司"3·21"特别重大爆炸事故，事故报告指出，生态化工园区招商引资安全、环保把关不严，大量引进其他地区产业结构调整转移的高风险、高污染企业，如图1-3所示。

该园区化工生产企业密布，现有的40家化工生产企业中，涉及氯化、硝化等危险工艺的有25家，构成重大危险源的有26家；对环保与安全之间的内在联系和转换认识不清，没有认真开展风险隐患排查，对天某化工公司长期存在的违法储存、偷埋硝化废料等"眼皮底下"的重大风险隐患视而不见，未有效督促所属相关职能部门加强日常监管；内部管理混乱，内设机构职责不清、监管措施不落实、规划建设违规审批、危险废物处置能力不足等突出问题长期没有得到解决；停产整治工作严重不落实，没有对园区企业环境严重违法行为等突出问题采取有效的整改措施；没有按照储存半年以上固体废物必须清理完毕的要求督促完成整改，对停产企业复产把关流于形式。没有按规定要求，在2017年底前完成园区内危险废物及时规范处置。

图1-3 X市化工园区

第三节 国内外环境风险管理

从英国、欧盟、美国环境风险管理发展历程看，伴随着各种大规模事故发生后，各国不断吸取教训，完善法律、规范。

一 历史上大规模事故及反思改进

【案例1】 1976年6月，意大利塞维索化学污染事故。一家制造杀虫剂和除草剂的化工厂发生一起蒸汽云爆炸事故。据报道，该事故虽然没有造成死亡，但从生产装置泄漏的化学品污染了约十平方英里的土地。600多人被疏散，2000多人接受了中毒的治疗。

【案例2】 1986年11月，莱茵河污染事故。瑞士巴塞尔市化工厂在灭火时导致水银、有机磷酸酯等杀虫剂和其他化学剂随消防废水泄漏至莱茵河，造成莱茵河大面积污染、数以百万计的鱼类死亡。

反思改进： 1982年欧盟（原欧共体）《工业活动中重大事故危险法令》（82/501/EEC），即《塞维索法令》出台；欧盟分别于1987年和1988年对《塞维索指令》进行了两次修订，该指令突出强调了危险物质储存方面的内容。

【案例3】 1984年12月，印度博帕尔市农药厂异氰酸甲酯毒气（40吨）泄漏事故。由于员工操作不当，致使水进入MIC储罐发生剧烈反应，放出大量热，加剧MIC蒸发，罐内压力上升，最终导致罐壁破裂，发生泄漏事故。7000人在睡梦中死亡，4万人严重伤残，20万人轻度伤残。联合碳化物公司（UCC）赔偿35亿美元。

反思改进： 1992年美国国会通过美国职业健康安全局（OSHA）《高危害化学品工艺安全管理》标准29CFR1910.119。

【案例4】 1989年3月，美国阿拉斯加州附近海域"埃克森·瓦尔迪兹"号巨型油轮漏油事故。油轮为避开冰山而搁浅布莱礁（Bligh Reef）威廉王子湾（Prince William Bay），搁浅使该油轮10多个油舱中的8个遭到损坏，船体被划开，石油泄漏到太平洋。此次事件中5小时内泄漏了至少1100万加仑的石油，溢油最终污染了非连续的海岸线1100英里。

反思改进： 美国国会于1990年通过了《石油污染法案》。

二　英国环境风险防控制度

英国在20世纪70年代首先提出"重大危害设施（major hazard installations）"的概念。其定义为不论长期或临时地加工、生产、处理、搬运、使用或储存数量超过临界量的一种或多种危险物质，或多类危险物质的设施。

1999年，英国结合《塞维索法令Ⅱ》，实施"重大事故危险控制法规"（COMAH）。其内容包括：企业应制定重大事故预防政策（MAPP）；企业应当准备现场应急计划和现场外的应急计划，并与地方政府取得联系，至少每隔三年由地方政府审查和测试应急计划；企业必须向公众和主管部门提供信息，主管部门通过检查现场发现控制措施存在缺陷，有权停止现场活动；风险高发区应当执行高标准，以保证风险降到可接受的最低限度。

三 欧盟环境风险防控制度

1982年6月，欧盟颁布"工业活动中重大事故危险指令"，其内容包括，企业必须制定《内部应急预案》，并提交当地政府部门以便制定《外部应急预案》。在预案制定时必须咨询工厂员工和相关公众；指令规定在考虑土地使用规划时应该考虑重大事故灾害的影响；应保证存在有害物质的工厂与居民区保持一定的距离；赋予了公众更多的权利，公众有知情权，也有权进行协商。企业有向公众批露信息的义务。

1996年12月，修订《塞维索指令Ⅱ》内容包括，适用范围为危险物质存在之处，既包括工业"活动"，也包括危险化学品的仓储；规定了30种（类）化学品的临界值，临界值分为低值和高值；确定风险级别；对未列出的危险物质的按物质毒性、易燃易爆性、环境有害性分类规定了临界值。

四 美国环境风险防控制度

美国建立有系统的环境风险管理法律，包括1968年的《全国应急计划》（NCP），是美国对处理或应对泄漏污染的综合法律框架，1972年的《清洁水法案》（CWA），1975年的《危险物质运输法案》（HMTA），1980年的《综合环境应对、赔偿和责任法案》（CERCLA），1985年的《化学突发事故应急准备计划》（CEPP），1986年的《应急计划与公众知情法案》（EPCRA），1990年的《空气清洁法修正案》（CAA），1990年的《油污染控制法案》（OPA）。

其中，《综合环境应对、赔偿和责任法案》（CERCLA）规定了企业排放有害物质的责任、赔偿、清理和紧急反应；规定了报告危险物质泄漏程序，创立了危险物质及报告（RQ）清单，当一种危险物质被排放到环境中，并且排放量在24小时内超过了需要报告的最低限值，该排放必须要向全国应急反应中心报告；对于已关闭的和被废弃的危险废物场所实行禁令和要求，当无法确定责任方的时候，建立了的信托基金将提供清理的费用。

《应急计划与公众知情法案》（EPCRA）主要规定了应急计划、紧急事故通告、公众知情权要求、有毒物质释放清单（TRI）等条款；确定了联邦、州、地方政府以及企业对危险有毒化学品应急计划与公众知情权报告的要求；规定地方政府须备化学品应急反应计划，并每年至少审核一次；州政府负责监督与协调地方计划；存储极危险物质（EHS）并且超过临界量的工厂必须配合应急预案的准备与编制工作；紧急事故通告规定了企业必须第一时间按《综合环境应对、赔偿和责任法案》对危险物质事故释放报告量要求通告极危险物质的事故释放情况、释放量，事故信息必须对公众开放；规定了600余种有毒物质释放清单（TRI），要求涉及制造、加工或储存清单中的有毒物质的企业每年报告有毒物质释放情况。

《空气清洁法案修正案》（CAAA）要求对使用、存贮有毒有害物质的风险源设施实施风险管理计划，对有毒物质的事故排放进行风险评估并建立应急响应。

《化学品事故防范法规》是美国第一部专门为预防可能危害公众与环境的化学品事故而设立的联邦法规。它规定了77种有毒物质与63种易燃物质控制清单与临界量值，要求生产、使用、存储物质清单要求并超过临界量标准的企业必须提交并实施环境风险管理计划。

《油污染控制法案》（OPA）提出实施油类泄漏预防、控制和对策计划方案。

五　国外企业环境风险管理历程

综上，国外的企业环境风险管理历程大体可以分为三个阶段：

第一阶段为20世纪30～60年代，是环境风险评价的萌芽阶段。该阶段并没有明确出现环境风险管理而是由于医学中的流行病领域出现了针对特殊工作环境对人体健康的影响研究，例如：暴露在危险化学品场所或者长期接触或吸入低毒性危险化学品对人类健康的影响。

第二阶段为20世纪70～80年代，发达国家进入工业化中期，都相继爆发了比较严重的企业环境问题。并且因环境问题导致的生产安全和污染问题最终影响到人们的生命健康。例如，1986年瑞士巴塞尔市桑多兹化学公司爆炸事件导致的欧洲莱茵河严重污染事件。此事件是典型的由于企业的环境风险管理存在严重薄弱点从而引发了安全生产事故最终导致了环境污染事件。在此阶段中由于企业环境风险问题频发，促进了相关政府部门和科研机构对企业环境风险管理问题的发展。

第三阶段为20世纪90年代中期到现在，企业环境风险管理处于不断发展和完善阶段，主要的推动力量在于新技术和理论的应用。各类法案不断出台，完善了风险管理体系。

六 中国环境风险防控制度

1. 中国企业环境风险管理历程

中国的企业环境风险管理研究起步于20世纪80年代后期，虽然相比于欧美国家起步较晚，但是我国相关政府部门对环境风险较为重视，因此发展很快。在借鉴国外成熟的相关模型和技术以及典型事故的基础上，结合我国的实际情况从法律、法规等政策层面和技术层面引导整个行业有序发展。我国的企业环境风险管理在实施过程中可以大致分为以下几个阶段：

第一阶段：环境风险管理起步阶段为20世纪80年代末到21世纪。1989年3月国家环保局成立了有毒化学品管理办公室，组织有毒化学品的风险评价和管理，标志着我国开展环境风险管理的开端。我国环境风险管理的研究，以介绍国外的理论和模型为起始，以核设施运行环境风险评价和管理为行业试点。

第二阶段：环境风险管理快速发展阶段为21世纪初至今。2004年国家环保总局颁布的《建设项目环境风险评价技术导则》为环境风险评价工作等级、程序、基本内容、源相分析、后果风险计算进行了较为详实的规定。在2007年国家环保总局发出的《关于加强环境影响评价管理防范环境风险的通知》对环境风险源头控制、开展环境风险源排查、严格建设项目环保审批、加强督查和责任追究进行明确。同年印发了《关于开展化工石化建设项目环境风险排查的通知》，针对重型化工企业进行了专项的环境风险评估。在我国环境保护"十二五"规划中将防范环境风险作为环境保护四大战略任务进行了明确，达到了相当的战略高度。

2. 中国各类有关环境风险的法律法规

我国各类法律法规中关于环境风险的条款举例如下。

1)《中华人民共和国环境保护法》(简称《环境保护法》)

《环境保护法》第三十九条规定，国家建立、健全环境与健康监测、调查和风险评估制度；鼓励和组织开展环境质量对公众健康影响的研究，采取措施预防和控制与环境污染有关的疾病。

第四十七条规定，各级人民政府及其有关部门和企业事业单位，应当依照《中华人民共和国突发事件应对法》的规定，做好突发环境事件的风险控制、应急准备、应急处置和事后恢复等工作。

《环境保护法》对环境监测、调查和风险评估工作作出规定，以有效预防和控制环境污染，同时环境保护部还制定发布了《企业突发环境事件风险评估指南（试行）》《企业突发环境事件风险分级方法》（HJ 941—2018），指导企业开展环境风险评估工作；制定发布《行政区域突发环境事件风险评估推荐方法》，指导开展行政区域突发环境事件风险评估工作。国家从法律法规的层面明确，各地区和企业应作为主体，为有效应对环境污染事故，应开展风险识别和评估，有针对性的开展防范。

2)《中华人民共和国水污染防治法》（简称《水污染防治法》）

《水污染防治法》第三十二条规定，国务院环境保护主管部门应当会同国务院卫生主管部门，根据对公众健康和生态环境的危害和影响程度，公布有毒、有害水污染物名录，实行风险管理。排放前款规定名录中所列有毒有害水污染物的企业事业单位和其他生产经营者，应当对排污口和周边环境进行监测，评估环境风险，排查环境安全隐患，并公开有毒、有害水污染物信息，采取有效措施防范环境风险。

第六十九条规定，县级以上地方人民政府应当组织环境保护等部门，对饮用水水源保护区、地下水型饮用水源的补给区及供水单位周边区域的环境状况和污染风险进行调查评估，筛查可能存在的污染风险因素，并采取相应的风险防范措施。

3)《中华人民共和国土壤污染防治法》（简称《土壤污染防治法》）

《土壤污染防治法》第十二条规定，国务院生态环境主管部门根据土壤污染状况、公众健康风险、生态风险和科学技术水平，并按照土地用途，制定国家土壤污染风险管控标准，加强土壤污染防治标准体系建设。

第三十五条规定，土壤污染风险管控和修复，包括土壤污染状况调查和土壤污染风险评估、风险管控、修复、风险管控效果评估、修复效果评估、后期管理等活动。

第四十三条规定，从事土壤污染状况调查和土壤污染风险评估、风险管控、修复、风险管控效果评估、修复效果评估、后期管理等活动的单位，应当具备相应的专业能力。

第四十五条规定，土壤污染责任人负有实施土壤污染风险管控和修复的义务。土壤污染责任人无法认定的，土地使用权人应当实施土壤污染风险管控和修复。

4)《中华人民共和国大气污染防治法》（简称《大气污染防治法》）

《大气污染防治法》第七十八条规定，国务院生态环境主管部门应当会同国务院卫生行政部门，根据大气污染物对公众健康和生态环境的危害和影响程度，公布有毒有害大气污染物名录，实行风险管理。排放前款规定名录中所列有毒有害大气污染物的企业事业单位，应当按照国家有关规定建设环境风险预警体系，对排放口和周边环境进行定期监测，评估环境风险，排查环境安全隐患，并采取有效措施防范环境风险。

5)《中华人民共和国固体废物环境污染防治法》(简称《固体废物环境污染防治法》)

《固体废物环境污染防治法》第十六条规定，收集、储存、运输、利用、处置固体废物的单位和个人，必须采取防扬散、防流失、防渗漏或者其他防止污染环境的措施。

第五十五条规定，产生、收集、储存、运输、利用、处置危险废物的单位，应当制定在发生意外事故时采取的应急措施和防范措施，并向所在地县级以上地方人民政府环境保护行政主管部门报告；环境保护行政主管部门应当进行检查。

第五十六条规定，因发生事故或者其他突发性事件，造成危险废物严重污染环境的单位，必须立即采取措施消除或者减轻对环境的污染危害，及时通报可能受到污染危害的单位和居民，并向所在地县级以上人民政府环境保护行政主管部门和有关部门报告，接受调查处理。

七 国内外环境风险防控总结

美国《化学品事故防范法规》要求涉及77种有毒物质和63种易燃物质并超临界量的企业，提交并实施风险管理计划（RMP）。

欧盟《塞维索指令》规定了30种（类）化学品及两级限量值作为判断重大危险设施的标准，相关企业要提交安全报告、制定安全管理制度和应急预案。

加拿大《突发环境事件管理条例》要求涉及215种物质并超临界量的企业，识别环境风险，制定环境应急预案，报告事件应急处置情况等。

我国《危险化学品重大危险源监督管理暂行规定》要求生产、使用、存储、经营涉及78种危化品超过临界量的重大危险源，报告安全评估报告，备案重大危险源，完善控制措施，排查隐患，演练，通报可能事故后果与应急措施等。

各国的环境风险管控的共同特征有：

一是制定明确的防控化学物质及其限量清单；

二是以化学物质清单为基础，判断企业风险水平，界定监管企业范围；

三是对监管企业提出明确和具体的管理要求；

四是应急救援理念，即先救人、再救环境、最后救财物。

第四节 环境风险评价方法

2018年5月18日，习近平总书记在第八次全国生态环境保护大会上指出"要有效防范生态环境风险。生态环境安全是国家安全的重要组成部分，是经济社会持续健康发展的重要保障。要把生态环境风险纳入常态化管理，系统构建全过程、多层级生态环境风险防范体系……"。同时，从上文中环境风险识别的意义、我国环境风险防控面临的形势、国内外环境风险管理发展看，一套科学的环境风险评价体系，对有效判断企业风险水平、合理制定管控措施是十分必要的。因此，生态环境部在2014年颁布了《企业突发环境事件风险评估指南（试行）》，多家企业也对照制定了针对特定行业的评价办法，用于内部环境风险控制。

一 环境风险管控专业术语

1. 突发环境事件

突发环境事件是指由于污染物排放或者自然灾害、生产安全事故等因素，导致污染物或者放射性物质等有毒有害物质进入大气、水体、土壤等环境介质，突然造成或者可能造成环境质量下降，危及公众身体健康和财产安全，或者造成生态环境破坏，或者造成重大社会影响，需要采取紧急措施予以应对的事件。

2. 环境风险

环境风险是指发生突发环境事件的可能性及突发环境事件造成的危害程度。

3. 突发环境事件风险物质

突发环境事件风险物质是指具有有毒、有害、易燃易爆、易扩散等特性，在意外释放条件下可能对企业外部人群和环境造成伤害、污染的化学物质，简称"风险物质"。

4. 风险物质的临界量

风险物质的临界量是指根据物质毒性、环境危害性以及易扩散特性，对某种或某类突发环境事件风险物质规定的数量。

5．环境风险源

环境风险源是指长期地或临时地生产、加工、使用或储存环境风险物质的装置、设施或场所。

6．环境风险受体

环境风险受体是指在突发环境事件中可能受到危害的企业外部人群、具有一定社会价值或生态环境功能的单位或区域等。

7．紧急关断措施

紧急关断措施是指在紧急状况下能够阻止环境风险源中的环境风险物质进入环境的措施，如紧急切断阀等。

8．事故风险物质处置措施

事故风险物质处置措施是指在突发环境事件的应急处置过程中，防止环境风险源释放的环境风险物质及受污染的雨水、消防水等在环境中扩散的设施，包括围堰、防火堤、事故池等风险防控设施，以及围油栏、收油机、有毒气体捕消剂等应急物资、装备及设施。

9．清净下水（废水）

清净下水（废水）是指未受污染或受较轻微污染以及水温稍有升高，不经处理即符合排放标准的废水。

10．事故排水（废水）

事故排水（废水）是指事故状态下排出的含有泄漏物，以及施救过程中产生的含有其他有毒、有害物质的生产废水、清净废水、雨水或消防水等。

二　国家生态环境部颁布的风险评估标准

2014年4月国家生态环境部（原环境保护部）印发了《企业突发环境事件风险评估指南（试行）》（环办〔2014〕34号），规定了企业突发环境事件风险评估的内容、程序和方法。2018年2月发布《企业突发环境事件风险分级方法》（HJ 941—2018），同时规定该标准实施后，企业突发环境事件风险分级不再执行《企业突发环境事件风险评估指南（试行）》（环办〔2014〕34号）中的相关规定。

（一）《企业突发环境事件风险评估指南（试行）》

本指南规定了企业突发环境事件风险评估的内容、程序和方法。对于油品销售企业，虽然该指南并不适用加油站和加气站、码头，但其评估的程序、内容、措施等值得借鉴和参考。

1. 环境风险评估一般要求和程序

规定有下列情形之一的，企业应当及时划定或重新划定本企业环境风险等级，编制或修订本企业的环境风险评估报告。

（1）未划定环境风险等级或划定环境风险等级已满三年的；

（2）涉及环境风险物质的种类或数量、生产工艺过程与环境风险防范措施或周边可能受影响的环境风险受体发生变化，导致企业环境风险等级变化的；

（3）发生突发环境事件并造成环境污染的；

（4）有关企业环境风险评估标准或规范性文件发生变化的。

企业环境风险评估，按照资料准备与环境风险识别、可能发生突发环境事件及其后果分析、现有环境风险防控和环境应急管理差距分析、制定完善环境风险防控和应急措施的实施计划、划定突发环境事件风险等级五个步骤实施。

2. 环境风险评估内容

1）资料准备与环境风险识别

在收集相关资料的基础上，企业开展环境风险识别。环境风险识别对象包括：①企业基本信息；②周边环境风险受体；③涉及环境风险物质和数量；④生产工艺；⑤安全生产管理；⑥环境风险单元及现有环境风险防控与应急措施；⑦现有应急资源等。

2）可能发生的突发环境事件及其后果情景分析

企业应收集国内外同类企业突发环境事件资料，提出所有可能发生突发环境事件情景，对每种情景进行源强分析，对每种情景环境风险物质释放途径、涉及环境风险防控与应急措施、应急资源情况分析，对每种情景可能产生的直接、次生和衍生后果分析。

3. 现有环境风险防控与应急措施差距分析

根据分析，企业应从以下五个方面对现有环境风险防控与应急措施的完备性、可靠性和有效性进行分析论证，找出差距、问题，提出需要整改的短期、中期和长期项目内容。

1）环境风险管理制度

（1）环境风险防控和应急措施制度是否建立，环境风险防控重点岗位的责任人或责任机构是否明确，定期巡检和维护责任制度是否落实；

（2）环境风险评估及批复文件的各项环境风险防控和应急措施要求是否落实；

（3）是否经常对职工开展环境风险和环境应急管理宣传和培训；

（4）是否建立突发环境事件信息报告制度，并有效执行。

2）环境风险防控与应急措施

（1）是否在废气排放口、生产废水、雨水和清洁下水排放口对可能排出的环境风险物质，按照物质特性、危害，设置监视、控制措施，分析每项措施的管理规定、岗位职责落实情况和措施的有效性；

（2）是否采取防止事故排水、污染物等扩散、排出厂界的措施，包括截流措施、事故排水收集措施、清净下水系统防控措施、雨水系统防控措施、生产废水处理系统防控措施等，分析每项措施的管理规定、岗位职责落实情况和措施的有效性；

（3）涉及毒性气体的，是否设置毒性气体泄漏紧急处置装置，是否已布置生产区域或厂界毒性气体泄漏监控预警系统，是否有提醒周边公众紧急疏散的措施和手段等，分析每项措施的管理规定、岗位责任落实情况和措施的有效性。

3）环境应急资源

（1）是否配备必要的应急物资和应急装备（包括应急监测）；

（2）是否已设置专职或兼职人员组成的应急救援队伍；

（3）是否与其他组织或单位签订应急救援协议或互救协议（包括应急物资、应急装备和救援队伍等情况）。

4）历史经验教训总结

分析、总结历史上同类型企业或涉及相同环境风险物质的企业发生突发环境事件的经验教训，对照检查本单位是否有防止类似事件发生的措施。

5）需要整改的短期、中期和长期项目内容

针对上述排查的每一项差距和隐患，根据其危害性、紧迫性和治理时间的长短，提出需要完成整改的期限，分别按短期（3个月以内）中期（3~6个月）和长期（6个月以上）列表说明需要整改的项目内容，包括：整改涉及的环境风险单元、环境风险物质、目前存在的问题（环境风险管理制度、环境风险防控与应急措施、应急资源）、可能影响的环境风险受体。

4.　完善环境风险防控与应急措施的实施计划

针对需要整改的短期、中期和长期项目，分别制定完善环境风险防控和应急措施的实施计划。实施计划应明确环境风险管理制度、环境风险防控措施、环境应急能力建设等内容，逐项制定加强环境风险防控措施和应急管理的目标、责任人及完成时限。

对于因外部因素致使企业不能排除或完善的情况，如环境风险受体的距离和防护等问题，应及时向所在地县级以上人民政府及其有关部门报告，并配合采取措施消除隐患。

5.　划定企业环境风险等级

企业在完成短期、中期或长期的实施计划后，应及时修订突发环境事件应急预案，并划定或重新划定企业环境风险等级，并记录等级划定过程，包括：

（1）计算所涉及环境风险物质数量与其临界量比值（Q）；

（2）逐项计算工艺过程与环境风险控制水平值（M），确定工艺过程与环境风险控制水平；

（3）判断企业周边环境风险受体是否符合环评及批复文件的卫生或大气防护距离要求，确定环境风险受体类型（E）；

（4）确定企业环境风险等级，按要求表征级别。

（二）《企业突发环境事件风险分级方法》

该分级方法与《中国石化环境风险评价指南》要求不同，此方法是将水和大气分开评价，且油库所有罐组作为一个风险单元；《中国石化环境风险评价指南》是将水和大气合并评价，且油库每个罐组作为一个风险单元。

该方法适用于各基层单位向所在地方政府备案的环境风险评价，而《中国石化环境风险评价指南》适用于企业内部环境风险管理。以下简要介绍。

1.　分级程序

根据企业生产、使用、存储和释放的突发环境事件风险物质数量与其临界量的比值（Q），评估生产工艺过程与环境风险控制水平（M）以及环境风险受体敏感程度（E）的评估分析结果，分别评估企业突发大气环境事件风险和突发水环境事件风险，将企业突发大气或水环境事件风险等级划分为一般环境风险、较大环境风险和重大环境风险三级，分别用蓝色、黄色和红色标识。同时涉及突发大气和水环境事件风险的企业，以等级高者确定企业突发环境事件风险等级。

企业下设位置毗邻的多个独立厂区，可按厂区分别评估风险等级，以等级高者确定企业突发环境事件风险等级并进行表征，也可分别表征为企业（某厂区）突发环境事件风险等级。

企业下设位置距离较远的多个独立厂区，分别评估确定各厂区风险等级，表征为企业（某厂区）突发环境事件风险等级。企业突发环境事件风险分级程序见图1-4。

2. 风险物质识别

风险物质依据企业涉及的各类化学物质种类和数量进行识别。突发环境事件风险物质及临界量清单在《企业突发环境事件风险分级方法》附录A中有详细说明。

3. 分级评估

分级评估包括突发大气环境事件、突发水环境事件风险分级评估。

1）突发大气环境事件风险分级

首先根据《企业突发环境事件风险分级方法》进行生产工艺过程与大气环境风险控制水平（M）评估，计算涉气风险物质数量与临界量比值（Q），进行大气环境风险受体敏感程度（E）评估。

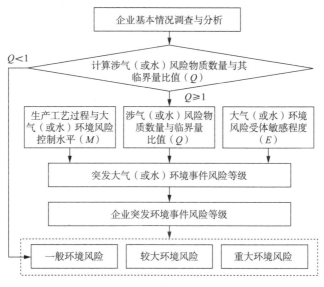

图1-4 企业突发环境事件风险分级流程示意图

（1）判断企业生产原料、产品、中间产品、副产品、催化剂、辅助生产物料、燃料、"三废"污染物等是否涉及大气环境风险物质（混合或稀释的风险物质按其组分比例折算成纯物质），计算涉气风险物质在厂界内的存在量，与其在《企业突发环境事件风险分级方法》附录中临界量的比值 Q。当企业只涉及一种风险物质时，该物质的数量与其临界量比值，即为 Q 值。当企业存在多种风险物质时，则以下式计算：

$$Q = \frac{w_1}{W_1} + \frac{w_2}{W_2} + \cdots + \frac{w_n}{W_n}$$

式中 $w_1, w_2, \cdots\cdots, w_n$——每种风险物质的存在量，t；

$W_1, W_2, \cdots\cdots, W_n$——每种风险物质的临界量，t。

按照数值大小，将 Q 划分为4个水平：

当 $Q < 1$ 时，以 $Q0$ 表示，企业直接评为一般环境风险等级；

当 $1 \leqslant Q < 10$ 时，以 $Q1$ 表示；

当 $10 \leqslant Q < 100$ 时，以 $Q2$ 表示；

当 $Q \geqslant 100$ 时，以 $Q3$ 表示。

（2）将企业生产工艺过程、大气环境风险防控措施及突发大气环境事件发生情况各项指标评估分值累加，得出生产工艺过程与大气环境风险控制水平值。如表1–1所示，共有 M1 ~ M4 四个级别。

表1–1　生产工艺过程与环境风险控制水平值

生产工艺过程与环境风险控制水平值	生产工艺过程与环境风险控制水平类型
$M < 25$	$M1$
$25 \leqslant M < 45$	$M2$
$45 \leqslant M < 65$	$M3$
$M \geqslant 65$	$M4$

（3）大气环境风险受体敏感程度类型按照企业周边人口数进行划分。按照企业周边5km或500m范围内人口数将大气环境风险受体敏感程度划分为类型1、类型2和类型3三种类型，分别以 $E1$、$E2$ 和 $E3$ 表示。大气环境风险受体敏感程度按类型1、类型2和类型3顺序依次降低。若企业周边存在多种敏感程度类型的大气环境风险受体，则按敏感程度高者确定企业大气环境风险受体敏感程度类型。

（4）根据企业周边大气环境风险受体敏感程度（E）、涉气风险物质数量与临界量比值（Q）和生产工艺过程与大气环境风险控制水平（M），按照表1-2确定企业突发大气环境事件风险等级。

表1-2 企业突发环境事件风险分级矩阵表

环境风险受体敏感程度（E）	风险物质数量与临界量比值（Q）	生产工艺过程与环境风险控制水平（M）			
		M1类水平	M2类水平	M3类水平	M4类水平
类型1（E1）	$1 \leq Q < 10$（Q1）	较大	较大	重大	重大
	$10 \leq Q < 100$（Q2）	较大	重大	重大	重大
	$Q \geq 100$（Q3）	重大	重大	重大	重大
类型2（E2）	$1 \leq Q < 10$（Q1）	一般	较大	较大	重大
	$10 \leq Q < 100$（Q2）	较大	较大	重大	重大
	$Q \geq 100$（Q3）	较大	重大	重大	重大
类型3（E3）	$1 \leq Q < 10$（Q1）	一般	一般	较大	较大
	$10 \leq Q < 100$（Q2）	一般	较大	较大	重大
	$Q \geq 100$（Q3）	较大	较大	重大	重大

2）突发水环境事件风险分级

突发水环境事件应对企业进行生产工艺过程与水环境风险控制水平（M）评估，计算涉水风险物质数量与临界量比值（Q），进行水环境风险受体敏感程度（E）评估。评价分级方式与大气环境事件风险分级一致。

4. 企业突发环境事件风险等级确定与调整

以企业突发大气环境事件风险和突发水环境事件风险等级高者确定企业突发环境事件风险等级。近三年内因违法排放污染物、非法转移处置危险废物等行为受到环境保护主管部门处罚的企业，在已评定的突发环境事件风险等级基础上调高一级，最高等级为重大。

三 中国石化突发环境事件风险评估指南（2019版）

该指南是2019年7月发布，该标准对于销售企业，适用于涉及环境风险物质的油库、站场、LNG工厂、加油（气）站、成品油输送管道、码头等。

（一）环境风险评估的原则与一般要求

环境风险等级按照涉及环境风险物质种类与数量、可能影响的环境风险受体敏感性、环境风险控制水平等因素进行评估，从高到低分为一级、二级和三级。有下列情形之一的，企业应当及时划定或重新划定环境风险等级：

（1）未划定环境风险等级或划定环境风险等级已满三年的；

（2）涉及环境风险物质的种类或数量、生产工艺过程与环境风险防范措施或周边可能受影响的环境风险受体发生变化，导致环境风险等级变化的；

（3）重要突发环境事件隐患整改完成的；

（4）发生突发环境事件并造成环境污染的；

（5）环境风险评估标准或规范性文件发生变化的。

（二）环境风险评估与表征

突发环境事件风险评估，按照资料准备、环境风险源现场核查、环境风险识别与分析、环境风险控制水平评估、划定环境风险等级、编制环境风险源清单的程序完成。

环境风险等级可表示为"级别（环境风险物质量代码（Q/R值）+环境风险控制水平代码（环境风险控制水平值）+环境风险受体类型代码）"。例如：R值为5，范围为$1 \leqslant R < 10$，$R2$；M值为50，范围为$M \geqslant 50$，$M3$；环境风险受体为类型1，$E1$；环境风险等级可表示为"一级（$R2$（5）$M3$（50）$E1$）"。

 思考题

1．突发环境事件往往诱因复杂、影响恶劣，请简述有哪些诱因、哪些影响。

2．从国内外环境风险防控发展历程可见，各国的环境风险管控的共同特征有哪些？

第二章

油品销售企业
环境风险评估

本章从油库、加油站、成品油长输管道和码头环境风险评估实例入手，详细介绍了《中国石化突发环境事件风险评估指南（2019版）》，并将评估过程中的常见问题以解读和思考的方式展现给读者，指导企业规范的开展境风险识别、评估工作。

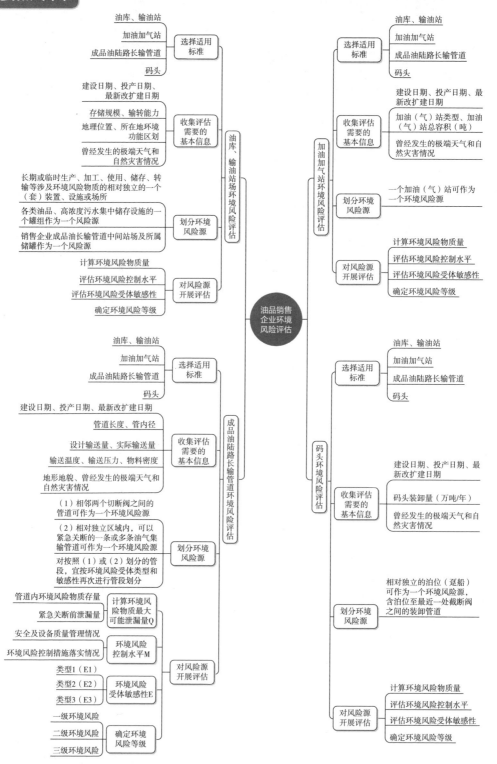

油品销售企业环境风险评估

油库、输油站场环境风险评估

- 选择适用标准
  - 油库、输油站
  - 加油加气站
  - 成品油陆路长输管道
  - 码头
- 收集评估需要的基本信息
  - 建设日期、投产日期、最新改扩建日期
  - 存储规模、输转能力
  - 地理位置、所在地环境功能区划
  - 曾经发生的极端天气和自然灾害情况
- 划分环境风险源
  - 长期或临时生产、加工、使用、储存、转输等涉及环境风险物质的相对独立的一个（套）装置、设施或场所
  - 各类油品、高浓度污水集中储存设施的一个罐组作为一个风险源
  - 销售企业成品油长输管道中间站场及所属储罐作为一个风险源
- 对风险源开展评估
  - 计算环境风险物质量
  - 评估环境风险控制水平
  - 评估环境风险受体敏感性
  - 确定环境风险等级

成品油陆路长输管道环境风险评估

- 选择适用标准
  - 油库、输油站
  - 加油加气站
  - 成品油陆路长输管道
  - 码头
- 收集评估需要的基本信息
  - 建设日期、投产日期、最新改扩建日期
  - 管道长度、管内径
  - 设计输送量、实际输送量
  - 输送温度、输送压力、物料密度
  - 地形地貌、曾经发生的极端天气和自然灾害情况
- 划分环境风险源
  - （1）相邻两个切断阀之间的管道可作为一个环境风险源
  - （2）相对独立区域内，可以紧急关断的一条或多条油气集输管道可作为一个环境风险源
  - 对按照（1）或（2）划分的管段，宜按环境风险受体类型和敏感性再次进行管段划分
- 对风险源开展评估
  - 计算环境风险物质最大可能泄漏量Q
    - 管道内环境风险物质存量
    - 紧急关断前泄漏量
  - 环境风险控制水平M
    - 安全及设备质量管理情况
    - 环境风险控制措施落实情况
  - 环境风险受体敏感性E
    - 类型1（E1）
    - 类型2（E2）
    - 类型3（E3）
  - 确定环境风险等级
    - 一级环境风险
    - 二级环境风险
    - 三级环境风险

加油加气站环境风险评估

- 选择适用标准
  - 油库、输油站
  - 加油加气站
  - 成品油陆路长输管道
  - 码头
- 收集评估需要的基本信息
  - 建设日期、投产日期、最新改扩建日期
  - 加油（气）站类型、加油（气）站总容积（吨）
  - 曾经发生的极端天气和自然灾害情况
- 划分环境风险源
  - 一个加油（气）站可作为一个环境风险源
- 对风险源开展评估
  - 计算环境风险物质量
  - 评估环境风险控制水平
  - 评估环境风险受体敏感性
  - 确定环境风险等级

码头环境风险评估

- 选择适用标准
  - 油库、输油站
  - 加油加气站
  - 成品油陆路长输管道
  - 码头
- 收集评估需要的基本信息
  - 建设日期、投产日期、最新改扩建日期
  - 码头装卸量（万吨/年）
  - 曾经发生的极端天气和自然灾害情况
- 划分环境风险源
  - 相对独立的泊位（趸船）可作为一个环境风险源，含泊位至最近一处截断阀之间的装卸管道
- 对风险源开展评估
  - 计算环境风险物质量
  - 评估环境风险控制水平
  - 评估环境风险受体敏感性
  - 确定环境风险等级

第一节　油库、输油站场环境风险评估

本节主要对《中国石化突发环境事件风险评估指南（2019版）》中油库的环境风险评估方式进行介绍，并以油品销售企业某座成品油油库为例，对照指南开展评估，分析在油库环境风险评估中可能出现的问题，对各销售企业环境风险识别工作形成指导。

一　油库、输油站场环境风险评估标准

1. 适用范围

本部分适用于中国石化销售企业站场、LNG工厂，销售、储运各类油品、高浓度污水集中储存设施的环境风险识别及环境风险等级评估。

2. 环境风险源划分原则

环境风险源识别应遵循以下原则：

（1）长期或临时生产、加工、使用、储存、转输等涉及环境风险物质的相对独立的一个（套）装置、设施或场所作为一个风险源；

（2）各类油品、高浓度污水集中储存设施的一个罐组作为一个风险源；

（3）销售企业成品油长输管道中间站场及所属储罐作为一个风险源。

3. 环境风险物质量

1）装置设施

计算该环境风险源涉及的每种环境风险物质的最大存在总量 q（如存在总量呈动态变化，则按年度内最大存在量计算）与其临界量 Q 的比值 R：

（1）当环境风险源只涉及一种环境风险物质时，该物质的总数量与其临界量比值即为 R；

（2）环境风险源存在多种环境风险物质时，则按下式计算物质数量与其临界量比值 R：

$$R = q1/Q1 + q2/Q2 + \cdots\cdots + qn/Qn$$

式中　$q1, q2, \cdots\cdots, qn$——每种环境风险物质的最大存在量，t；

$Q1, Q2, \cdots\cdots, Qn$——每种环境风险物质的临界量，t。

根据 R 值计算结果划分为：①$R<1$；②$1 \leqslant R<10$；③$10 \leqslant R<100$；④$R \geqslant 100$ 四种情况，分别以 $R1$、$R2$、$R3$ 和 $R4$ 表示。

2）罐组

（1）当罐组内只涉及一种环境风险物质时，罐组内最大储罐环境风险物质存在量与其临界量比值为 R；

（2）当罐组内涉及多种环境风险物质时，分别计算每种物质最大储罐存在量与其临界量比值，取最大 R 计算；

根据 R 值计算结果划分为：①$R<1$；②$1 \leqslant R<10$；③$10 \leqslant R<100$；④$R \geqslant 100$ 四种情况，分别以 $R1$、$R2$、$R3$ 和 $R4$ 表示。

4. 环境风险控制水平

采用评分法对环境风险源生产工艺危险性、安全及设备质量管理、环境风险防控措施等指标进行评估，确定环境风险控制水平。评估指标及控制水平类型划分分别见表 2-1 与表 2-2。

环境风险源安全及设备质量管理评估时，赋分因子存在交叉的，按高分值计分一次。

表2-1　环境风险控制水平评估指标

指标		分值
生产工艺危险性（10分）		10
安全及设备质量管理（30分）	安全管理	15
	设备质量管理	15
环境风险防控措施（60分）	环境风险监测预警措施	10
	环境风险防控措施有效性	30
	建设项目环境风险防控要求落实	10
	环境风险源事故现场处置方案	10

表2-2　环境风险控制水平类型划分

环境风险控制水平值（M）	环境风险控制水平类型
$M<15$	$M1$
$15 \leqslant M<30$	$M2$

续表

环境风险控制水平值（M）	环境风险控制水平类型
$30 \leqslant M < 50$	$M3$
$M \geqslant 50$	$M4$

1）生产工艺危险性

环境风险源生产工艺危险性情况按照表2-3评估。

表2-3　生产工艺危险性评估

评估依据	分值
涉及涉及光气及光气化工艺、电解工艺（氯碱）、氯化工艺、硝化工艺、合成氨工艺、裂解（裂化）工艺、氟化工艺、加氢工艺、重氮化工艺、氧化工艺、过氧化工艺、胺基化工艺、磺化工艺、聚合工艺、烷基化工艺、新型煤化工工艺、电石生产工艺、偶氮化工艺	10
其他高温或高压、涉及易燃易爆等物质的工艺过程[①]	5
具有国家规定限期淘汰的工艺名录和设备[②]	5
不涉及以上危险工艺过程或国家规定的禁用工艺/设备	0

注：①高温指工艺温度 ≥ 300℃，高压指压力容器的设计压力（p）≥ 10.0MPa，易燃易爆等物质是指按照GB 30000.2 ~ GB 30000.13所确定的化学物质；
②指《产业结构调整指导目录》中有淘汰期限的淘汰类落后生产工艺装备。

2）安全及设备质量管理

环境风险源安全及设备质量管理情况按照表2-4进行评估。

表2-4　安全及设备质量管理评估

评估指标	评估依据	分值
安全管理（15分）	重大或较大生产安全事故隐患未完成整改的	15
	一般生产安全事故隐患未完成整改的，每一项记5分，记满15分为止	0 ~ 15
	不存在上述问题的	0
设备质量管理（15分）	存在下列情况之一的： （1）未按规定进行设备设施检测、检验的； （2）检测结果不能满足设备设施质量要求的； （3）未按设计标准建设的； （4）使用的设备设施等级不满足要求的	15
	存在下列情况的，每项记5分，记满15分为止： （1）设备设施超期使用且未经过评估的； （2）设备设施降等级使用未经评估的； （3）设计变更未经主管部门批准的	0 ~ 15
	不存在上述问题的	0

3）环境风险防控措施

环境风险源环境风险防控措施按照表2-5评估。

表2-5　环境风险防控措施评估

评估指标	评估依据			分值
环境风险监测预警措施（10分）	排口或厂界未按规定设置环境风险物质泄漏监测预警措施的			10
	存在下列情况的每项记5分，记满为止： （1）安装不符合规范的； （2）不按规定校验的； （3）不能正常使用的； （4）监测因子缺项的			0~10
	按规定安装泄漏监测预警措施的			0
环境风险防控措施有效性（30分）	事故紧急关断措施（5分）	环境风险源不具备有效的紧急关断措施		5
		环境风险源具备有效的手动紧急关断措施		3
		环境风险源具备有效的自动紧急关断措施		0
	事故风险物质处置措施（20分）	无事故风险物质处置措施		20
		存在下列情况的，每项记10分，记满20分为止： （1）未进行汇水区划分（包括山水等外界水体汇入厂区情形）； （2）截流措施不完善； （3）事故废水收集系统不完善； （4）清净废水或雨水系统防控措施不完善； （5）生产废水系统防控措施不完善； （6）厂内危险废物储存、运输、利用、处置专业设施和风险防控措施不完善； （7）环境应急物资装备（围油栏、收油机、转输设备、毒性气体处置等）配备不完善		0~20
		不存在上述问题的		0
	外排方式（5分）	环境风险源所在厂区废水或清净雨水通过自流方式排出厂界		5
		环境风险源所在厂区废水及清净雨水均通过提升方式排出厂界		0
建设项目环境风险防控要求落实（10分）	建设项目环境影响评价及其批复提出的环境风险防控措施不落实			10
	不存在上述问题的			0
环境风险源事故现场处置方案（10分）	存在以下情况的，每项记5分，记满10分为止： （1）无环境风险源事故处置方案的或环境风险源事故处置方案无环保内容的； （2）未按要求开展演练并记录的； （3）未按要求进行备案的			0~10
	不存在上述问题的			0

5. 环境风险受体敏感性

根据环境风险受体的重要性和敏感程度，由高到低将环境风险源周边的环境风险受体分为类型1、类型2和类型3，分别表示为 $E1$、$E2$ 和 $E3$，具体如表2-6所示。如果环境风险源周边存在多种类型的环境风险受体，则按照重要性和敏感度高的类型计。

环境风险源在正常生产及事故状况下次生的环境风险物质为气态并可能仅对大气环境产生污染的，在判别环境风险受体敏感性时，可不考虑水及土壤环境风险受体。环境风险源在正常生产及事故状况下次生的环境风险物质为液态或固态并可能仅对水或土壤环境产生污染的，可在判别环境风险受体敏感性时不考虑大气环境风险受体。

表2-6 环境风险受体敏感程度类型划分

类别	环境风险受体情况
类型1 （$E1$）	（1）环境风险源所在厂区雨水排口、污水排口及可能泄漏到穿厂区市政排洪沟的排放点下游10km范围内，有如下一类或多类环境风险受体的：集中式地表水、地下水饮用水水源保护区（包括一级保护区、二级保护区及准保护区）；农村及分散式饮用水水源保护区；自然保护区；重要湿地；珍稀濒危野生动植物天然集中分布区；重要水生生物的自然产卵场及索饵场、越冬场和洄游通道；世界文化和自然遗产地；红树林、珊瑚礁等滨海湿地生态系统；珍稀、濒危海洋生物的天然集中分布区；海洋特别保护区；盐场保护区；海水浴场；海洋自然历史遗迹；风景名胜区；或其他特殊重要保护区域； （2）以环境风险源所在厂区雨水排口、废水总排口算起，排水进入受纳水体后24h流经范围（按最大日均流速计算）内涉及跨国界或省界的； （3）环境风险源周边现状不满足环评及批复文件防护距离要求的； （4）环境风险源周边0.5km范围内社会人口总数大于1000人或该区域内涉及军事禁区、军事管理区、国家相关保密区域；或涉硫化氢、氨等毒性气体环境风险源周边5km范围内社会人口总数5万人以上或该区域内涉及军事禁区、军事管理区、国家相关保密区域
类型2 （$E2$）	（1）环境风险源所在厂区雨水排口、污水排口及可能泄漏到穿厂区市政排洪沟的排放点下游10km范围内有如下一类或多类环境风险受体的：水产养殖区；天然渔场；森林公园；地质公园；海滨风景游览区；具有重要经济价值的海洋生物生存区域；基本农田保护区；基本草原；类型1以外的Ⅲ类地表水； （2）环境风险源周边0.5km范围内的社会人口总数大于500人，小于1000人；或涉硫化氢、氨等毒性气体环境风险源周边5km范围内社会人口总数1万人以上5万人以下； （3）环境风险源所在厂区位于岩溶地貌、泄洪区、泥石流多发等地区
类型3 （$E3$）	（1）环境风险源所在厂区下游10km范围无上述类型1和类型2环境风险受体的； （2）环境风险源周边0.5km范围内的厂外区域人口总数小于500人；或涉硫化氢、氨等毒性气体环境风险源周边5km范围内社会人口总数1万人以下

6. 环境风险等级评估

1）环境风险等级确定

根据环境风险源周边环境风险受体的3种类型，按照环境风险物质量（R）、环境风险控制水平（M）矩阵，确定环境风险等级。

环境风险源周边环境风险受体属于类型1时，按表2-7确定环境风险等级。

表2-7　类型1（E1）——环境风险分级表

环境风险物质量R	环境风险控制水平M			
	M1	M2	M3	M4
R1	三级环境风险	三级环境风险	二级环境风险	一级环境风险
R2	三级环境风险	二级环境风险	一级环境风险	一级环境风险
R3	二级环境风险	一级环境风险	一级环境风险	一级环境风险
R4	二级环境风险	一级环境风险	一级环境风险	一级环境风险

环境风险源周边环境风险受体属于类型2时，按表2-8确定环境风险等级。

表2-8　类型2（E2）——环境风险分级表

环境风险物质量R	环境风险控制水平M			
	M1	M2	M3	M4
R1	三级环境风险	三级环境风险	二级环境风险	二级环境风险
R2	三级环境风险	三级环境风险	二级环境风险	一级环境风险
R3	三级环境风险	二级环境风险	一级环境风险	一级环境风险
R4	二级环境风险	一级环境风险	一级环境风险	一级环境风险

环境风险源周边环境风险受体属于类型3时，按表2-9确定环境风险等级。

表2-9　类型3（E3）——环境风险分级表

环境风险物质量R	环境风险控制水平M			
	M1	M2	M3	M4
R1	三级环境风险	三级环境风险	三级环境风险	二级环境风险
R2	三级环境风险	三级环境风险	二级环境风险	二级环境风险
R3	三级环境风险	二级环境风险	二级环境风险	一级环境风险
R4	二级环境风险	二级环境风险	一级环境风险	一级环境风险

2）环境风险等级调整

位于政府划定的生态保护红线区或其他禁止开发区域，且未依法获得政府许可的环境风险源，直接评估为一级环境风险。

存在如下任意一种情况的，在已评定的等级基础上调高一级，最高等级为一级：

（1）环境影响评价手续不完善或久试未验的；

（2）近三年内，发生过突发环境事件的；

（3）其他需要进行等级调整的情况。

二 油库环境风险评估实例

本小节选取油品销售企业X油库为例。

1. X油库基本情况

X油库位于Z省J市，始建于1975年，原为原油库。2007年，企业对其原油罐进行改造，同时新建成品油罐，建成成品油油库，储存汽油、柴油，主要承担区域成品油储备、中转的职能。总库容$43.5 \times 10^4 m^3$，储存介质为汽油、柴油，占地面积$416575 m^2$，分码头和罐区两个部分。

如图2-1所示，库区有总容量为$43.5 \times 10^4 m^3$的成品油罐区。罐区分为柴油罐区

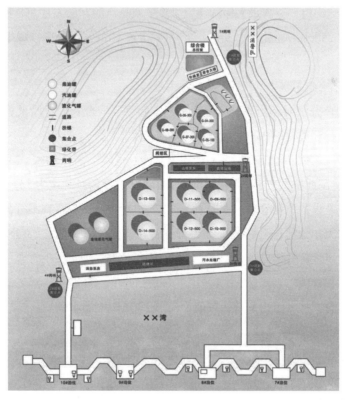

图2-1　某油库平面布置图

和汽油罐区两个部分。其中，柴油罐区最大库容量 $30 \times 10^4 m^3$，建有 $5 \times 10^4 m^3$ 成品油罐 6 座，汽油罐区最大库容量 $13.5 \times 10^4 m^3$，建有 $3 \times 10^4 m^3$ 成品油罐 4 座，$1.5 \times 10^4 m^3$ 成品油罐 1 座。同时，库区还建有相应的辅助配套设施，包括 $1200 m^3/d$ 污水处理装置 1 套，$2100 m^3$ 消防水池 2 座，$1000 m^3$ 高位水池 2 座。

2. 风险源基本情况

X 油库的建设日期为 1972 年 3 月 17 日，投产日期为 1975 年 7 月 9 日，最新改扩建日期为 2008 年 11 月 1 日，油库占地面积 27634 平方米，转输能力 8.5Mt/a。所在地环境功能区划，环境空气执行《环境空气质量标准》（GB 3095—2012）二级标准，海域水质执行《海水水质标准》（GB 3097—1997）四类水质标准。曾经发生的极端天气和自然灾害情况有台风和暴雨。

根据环境风险源划分原则，油品储存设施的一个罐组应被判定为一个风险源，将一座油库各罐区、罐组分开，每个罐组亦应作为一个风险源。

3. 环境风险物质量

X 油库的"罐组一"内最大储罐环境风险物质是汽油，最大存在总量 19985t，汽油的临界量是 2500t，R 值应为 7.994，处于 $1 \leqslant R < 10$ 的范围，则该罐组的环境风险质量为 $R2$。

4. 环境风险控制水平

此处采用评分法对环境风险源生产工艺危险性、安全及设备质量管理、环境风险防控措施等指标进行评估，确定环境风险控制水平。

（1）生产工艺危险性。由于成品油库不"涉及危险工艺过程"，汽油罐"涉及易燃易爆物质"，因此根据表 2-3 判定该油库的生产工艺危险性评定为 5 分。

（2）安全及设备质量管理。根据表 2-4 如实进行评分，如存在不符合项，则按照规则记分，如无扣分项，则得 0 分。X 油库不存在扣分项，因此记为 0 分。

（3）环境风险防控措施。根据表 2-5 如实进行评分，如存在不符合项，则按照规则记分，如无扣分项，则得 0 分。X 油库不存在扣分项，因此记为 0 分。

将上述记分累加，得出 M 值，M 值为 5，环境风险控制水平为 $M1$。

5. 环境风险受体敏感性

根据表 2-6，X 油库"罐组一"周边 10km 以内有自然保护区和海上自然保护区，因此环境风险受体敏感性为 $E1$。

6. 风险等级

根据环境风险源周边环境风险受体的3种类型，按照环境风险物质量（ R ）、环境风险控制水平（ M ）矩阵，确定环境风险等级。

X油库环境风险受体敏感性是 $E1$ 。因此以表2-7确定等级，环境风险物质数量与临界量比值为 $R2$ ，环境风险控制水平为 $M1$ 。那么，X油库"罐组一"为三级环境风险。

三　对"油库环境风险评估"方法的解读和思考

1. 关于环境风险源划分

【标准解读】　根据标准，关于油库的环境风险源划分有三个原则，一是长期或临时生产、加工、使用、储存、转输等涉及环境风险物质的相对独立的一个（套）装置、设施或场所；二是各类油品、高浓度污水集中储存设施的一个罐组作为一个风险源；三是销售企业成品油长输管道中间站场及所属储罐作为一个风险源。

对于油库的风险源划分，主要参照第二条原则，即"各类油品、高浓度污水集中储存设施的一个罐组作为一个风险源"。

【常见问题】　这里指的罐组并不是"罐区"的概念，通常一个罐区涵盖了多个罐组，在开展环境风险识别时，混淆了罐区和罐组的概念。一是错误地将整个罐区作为一个风险源进行识别；二是错误地将同一个罐组内隔堤分割开的区域作为多个风险源进行识别。

【工作建议】　明确罐组的定义，根据《石油化工企业设计防火标准》中的规定，罐组是指布置在一个防火堤内的一个或多个储罐。可见罐区是以防火堤为标志进行区分的，而不是隔堤，同时一个罐区内可能存在多个罐组。在开展油库环境风险识别前，正确的环境风险源划分显然十分必要。

2. 关于环境风险物质量计算

【标准解读】　关于罐区环境风险物质量计算可能存在两种情况，即罐组内只涉及一种环境风险物质或涉及多种环境风险物质。当罐组内只涉及一种环境风险物质时，罐组内最大储罐环境风险物质存在量与其临界量比值为 R 。当罐组内涉及多种环境风险物质时，分别计算每种物质最大储罐存在量与其临界量比值，取最大 R 值计算。汽油、柴油参照标准临界量（均为2500t）计算。

【常见问题】 部分单位在开展计算时，一是错误地将一个罐组内的全部油品量与临界量计算比值，应是以最大单个储罐的存储量计算。二是错误采用体积量与临界量计算比值，应是将体积量换算成为质量。

3. 生产工艺危险性

【标准解读】 作为油品销售企业成品油油库，不涉及光气及光气化工艺、电解工艺（氯碱）、氯化工艺、硝化工艺、合成氨工艺、裂解（裂化）工艺、氟化工艺、加氢工艺、重氮化工艺、氧化工艺、过氧化工艺、胺基化工艺、磺化工艺、聚合工艺、烷基化工艺、新型煤化工工艺、电石生产工艺、偶氮化工艺等危险工艺过程。

成品油油库不涉及温度≥300℃、压力容器的设计压力（p）≥10.0MPa的高温或高压工艺过程。而对照GB 30000.2～GB 30000.13，不涉及储运爆炸物及遇水放出易燃气体的物质和混合物，储运的成品油属易燃易爆物质。

此外，还应评估油库是否具有国家规定限期淘汰的工艺名录和设备。限期淘汰的工艺名录应参照国家《产业结构调整指导目录》。《产业结构调整指导目录》是《促进产业结构调整暂行规定》的配套文件，涉及20多个行业，其中鼓励类539条，限制类190条，淘汰类399条。经中华人民共和国国务院（以下简称"国务院"）批准，国家发展和改革委员会2005年颁布了首部《产业结构调整指导目录》，其后，根据实际情况对目录内容进行了多次调整。目前的最新版是《产业结构调整指导目录（2019年本）》。限期淘汰的设备应参照《高耗能落后机电设备（产品）淘汰目录》，至目前国家共发布四批，分别于2009年12月4日、2012年4月6日、2014年3月6日、2016年3月14日发布。

4. 关于安全及设备质量管理评估

【标准解读】 在设备质量管理方面，主要评估油库是否按规定进行设备设施检测、检验，检测结果是否满足设备设施质量要求，是否按照设计标准建设，设备设施等级是否满足要求，是否有降等级使用未经评估，是否有设计变更未经主管部门批准。

在安全管理方面，主要评估油库是否有重大或较大生产安全事故隐患未完成整改的情况，是否有一般生产安全事故隐患未完成整改的情况。根据《中国石化生产安全风险和隐患排查治理双重预防机制管理规定》，一般隐患是指危害和整改难度较小，发现后能够立即整改消除的隐患；较大隐患指危害较大，整改有一定难度，不能即查即改，但又急需整治的隐患；重大隐患是指符合国家、中国石化集团公司规定的重大隐患判定标准或经评估可能导致较大及以上事故、必须及时整治的隐患。

参照《中国石化重大生产安全事故隐患判定标准指南（试行）》，依据有关法律法规、部门规章、国家标准、行业标准和中国石化相关管理规定，以下情形应当判定为重大生产安全事故隐患。

（1）单位主要负责人和安全生产管理人员未依法经考核合格或未正确履行安全职责的。

（2）未依法取得安全生产许可证。

（3）未建立人员与岗位相匹配的全员安全生产责任制或者职责不清的。

（4）未制定实施生产安全事故隐患排查治理制度或者排查不全面、治理不彻底的。

（5）未制定操作规程和工艺控制指标或者操作规程指导性不强、与实际不符的。

（6）特种作业人员未持证上岗或者作业人员实际技能不能满足岗位要求。

（7）安全评价报告或安全设施竣工验收中明确整改的问题未整改。

（8）未按照国家标准制定用火、进入受限空间等特殊作业管理制度，或者制度未有效执行。

（9）安全设施（附件）未投用或未定期校验、检测和维护的。

（10）特种设备未按期检验，或者使用检验结论为不符合要求的压力容器。大型机组、重要设施、电力、仪表系统未按期维护的。

（11）使用淘汰落后安全技术工艺、设备目录中的工艺、设备。

（12）涉及可燃和有毒、有害气体泄漏的场所未按国家标准设置检测报警装置。爆炸危险场所未按国家标准安装使用防爆电气设备。

（13）罐区切水点未设可燃有毒气体报警仪，切水期间现场未全程监护的。

（14）有可燃有毒气体、液体的密闭空间未绘制分布图和定期排查的。

（15）生产装置未按国家标准要求设置双重电源供电，自动化控制系统未设置不间断电源。

（16）生产、储存、经营易燃、易爆危险品的场所与人员密集场所、居住场所设置在同一建筑物内。粉尘爆炸危险场所设置在非框架结构的多层建构筑物内，或与居民区、员工宿舍、会议室等人员密集场所安全距离不足。

（17）人员密集场所的居住场所采用彩钢夹芯板搭建，且彩钢夹芯板芯材的燃烧性能等级低于GB 8624规定的A级。

（18）未经正规设计、设计与实际不符或不能抵御当地极端天气（雨、雪、风）

的罩棚等构筑物。

（19）未对发生泥石流、滑坡等地质灾害附近的油气管道进行评估。

（20）超过设计使用年限的设备、设施，未经专项评估，继续使用的。

（21）企业应急预案、现场应急处置方案与实际不符，缺乏针对性；人员现场应急处置能力不足；应急处置设施与企业生产经营活动不匹配。

（22）可能发生急性职业损伤的有毒、有害工作场所、放射工作场所及放射性同位素的运输、储存未配置或未使用防护设备和报警装置。

（23）安排有职业禁忌、严重心脑血管疾病和心理问题员工在高风险岗位的。

（24）涉及"两重点一重大"的生产装置、储存设施外部安全防护距离不符合国家标准要求。

（25）控制室或机柜间面向具有火灾、爆炸危险性装置一侧不满足国家防火、防爆标准的要求。

（26）构成一级、二级重大危险源的危险化学品罐区未实现紧急切断功能；涉及毒性气体、液化气体、剧毒液体的一级、二级重大危险源的危险化学品罐区未配备独立的安全仪表系统。

（27）构成一级、二级重大危险源的危险化学品罐区的储罐存在基础沉降（超出允许值），未采取有效控制措施。

（28）未按国家标准分区分类储存危险化学品，超量、超品种储存危险化学品，相互禁配物质混放混存。擅自改变工（库）房用途或者违规私搭乱建。

（29）国家和中国石化集团公司界定的其他重大隐患。

5. 关于环境风险防控措施评估

【标准解读】 环境风险监测、预警措施方面，主要评估企业排口或厂界是否按规定设置环境风险物质泄漏监测预警措施。对油库而言，主要考察污水外排的在线监测系统。如存在安装不符合规范、不按规定校验、不能正常使用、监测因子缺项类问题，均视为措施不到位，按标准进行记分。

环境风险防控措施有效性方面，首先评估事故紧急关断措施。根据《危险化学品重大危险源监督管理暂行规定》（国家安全监管总局令第40号），构成一级、二级重大危险源的危险化学品罐区应实现紧急切断功能，并处于投用状态。凡属一级或者二级重大危险源的储罐区，应设置紧急停车系统，紧急停车系统的安全功能可通过基本过程控制（DCS或SCADA）系统实现，也可通过安全仪表（SIS）系统实现。对属于一级或二级重大危险源的储罐，除设置高、低液位报警外，还应对低低液位和高高液位设置相应的报警及联动保护措施。需设置独立 SIS 系统的储罐，其进出口管道上的罐根阀（紧急切断阀要采取防火措施，应具有手动操作功能，并采取防火措施），在储罐高高液位、发生火灾事故等紧急情况时用 SIS 系统联锁切断进料；不需设置独立 SIS 系统的储罐，其进出口管道上的罐根阀宜采用控制阀，并应具有手动操作功能，在储罐高高液位、发生火灾事故等紧急情况时可通过基本过程控制系统联锁切断进料。环境风险源是否具备有效的紧急关断措施，是手动或自动，根据关断措施的可靠性和响应速度记分。

其次，企业应评估事故风险物质处置措施是否完善，如存在未进行汇水区划分（又称作集水区域，指的是地表径流或其他物质汇聚到一共同的出水口的过程中所流经的地表区域），截流措施不完善，事故废水收集系统不完善，清净废水或雨水系统防控措施不完善，生产废水系统防控措施不完善，厂内危险废物储存、运输、利用、处置专业设施和风险防控措施不完善，环境应急物资装备（围油栏、收油机、转输设备、毒性气体处置等）配备不完善等问题的，均视为不完善，按照情况进行记分。

最后，还需分辨环境风险源所在厂区废水或清净雨水的外排方式，自流方式不便于污染物控制，要进行记分。自流方式指的是雨水和污水外排未经干预、不受控制直接排查厂区，如废水未经处理、未经监控检测、无截断控制阀等。

环境风险源事故现场处置方案方面，主要评估方案制定情况及演练情况，事故处置方案应紧密贴合实际，包含事故状态下的环境保护工作要求、处置程序，风险源所在油库应按要求开展演练并记录，根据演练情况评估现存问题并落实闭环整改。同时，事故处置方案应在有效期内报地方主管部门进行备案。

第二节　加油加气站环境风险评估

本节主要对《中国石化突发环境事件风险评估指南（2019版）》中加油加气站的环境风险评估方式进行介绍，并以销售企业某座加油站为例，对照指南开展评估，分析在加油站环境风险评估中可能出现的问题，对各销售企业环境风险识别工作形成指导。

一　加油加气站环境风险评估标准

1. 适用范围

本部分适用于中国石化所属企业加油（气）站环境风险识别及环境风险等级评估。

2. 环境风险源划分原则

一个加油（气）站可作为一个环境风险源。

3. 环境风险物质量

1）汽车加油加气站

根据储罐/储气设施总容积或单罐容积，汽车加油加气站从低到高可分为三级、二级和一级，分别用$Q1$、$Q2$和$Q3$表示。

具体分级标准参照《汽车加油加气站设计与施工规范》（GB 50156）。

2）水上加油站

计算环境风险源涉及油品最大可能泄漏量q（考虑最大油舱容量），将最大可能泄漏量分为：①$Q < 50t$，②$50t \leqslant Q < 100t$，③$Q \geqslant 100t$三种情况，并分别以$Q1$、$Q2$和$Q3$表示。

4. 环境风险控制水平

采用评分法对环境风险源安全及设备质量管理、环境风险防控措施等指标进行评估汇总，确定环境风险源环境风险控制水平。评估指标及控制水平类型划分分别见表2-10与表2-11。

环境风险源安全及设备质量管理在评估时，赋分因子存在交叉的，按高分值计分一次。

表2-10　环境风险控制水平评估指标

指标		分值
安全及设备质量管理（50分）	安全管理	25
	设备质量管理	25
环境风险防控措施（50分）	环境风险监测预警措施	10
	环境风险防控措施有效性	20
	建设项目环境风险防控要求落实	10
	环境风险源事故现场处置方案	10

表2-11 环境风险控制水平类型划分

环境风险控制水平值（M）	环境风险控制水平类型
$M < 15$	$M1$
$15 \leqslant M < 30$	$M2$
$30 \leqslant M < 50$	$M3$
$M \geqslant 50$	$M4$

1) 安全及设备质量管理

按照表2-12对环境风险源安全及设备质量管理情况进行评估。

表2-12 安全及设备质量管理评估

评估指标	评估依据	分值
安全管理（25分）	重大或较大生产安全事故隐患未完成整改的	25
	一般生产安全事故隐患未完成整改的，每一项记10分，记满25分为止	0~25
	不存在上述问题的	0
设备质量管理（25分）	存在下列情况之一的： （1）未按规定进行设备设施检测、检验的； （2）检测结果不能满足设备设施质量要求的； （3）未按设计标准建设的； （4）使用的设备设施等级不满足要求的	25
	存在下列情况的，每项记10分，记满25分为止： （1）设备设施超期使用且未经过评估的； （2）设备设施降等级使用未经评估的； （3）设计变更未经主管部门批准的	0~25
	不存在上述问题的	0

2) 环境风险防控措施

按照表2-13评估环境风险源环境风险防控措施。

表2-13 环境风险防控措施评估

评估指标	评估依据	分值
环境风险监测预警措施（10分）	加油站未按规定进行防渗漏监测的	10
	存在下列情况的每项记5分，记满为止： （1）安装不符合规范的； （2）不按规定校验的； （3）不能正常使用的； （4）监测因子缺项的	0~10
	加油站按规定进行防渗漏监测	0

续表

评估指标		评估依据	分值
环境风险防控措施有效性（20分）	紧急切断系统（5分）	未按规范设置紧急切断系统，或不能正常使用	5
		按规范设置紧急切断系统，且能正常使用	0
	事故风险物质处置措施（15分）	汽车加油加气站存在以下情况的，每项记8分，记满15分为止： （1）地下油罐未使用双层罐或者采取建造防渗池等其他有效措施的； （2）加油加气站内地面雨水由明沟排到站外时，未在围墙内设置水封装置的； （3）加油站、LPG加气站或加油与LPG加气合建站排出建筑物或围墙的污水，在建筑物墙外或围墙内未设水封井的（独立的生活污水除外）；或水封井水封高度、沉泥段高度不满足要求（均不应小于0.25m）的； （4）清罐产生的危险废物未进行规范化处理处置的； （5）排出站外的污水不符合国家现行有关污水排放标准规定的； （6）加油站、LPG加气站，采用暗沟排水的 水上加油站存在以下情况的，每项记8分，记满15分为止： （1）防污结构和设备不满足《船舶与海上设施法定检验规则》对油船的要求； （2）未设置污油水舱（柜），或容积不满足要求的； （3）货油舱区域甲板面污油水无法通过槽沟等有效方式收集至污油水舱（柜）的； （4）货油舱区域甲板面四周未设置连续围堰；或围堰排水孔未设置堵孔塞的； （5）装卸软管连接处未设置收集盘或等效设施的； （6）吸油毡、围油栏、收油机等溢油回收、处置措施不具备或无效的	0～15
		不存在上述问题的	0
建设项目环境风险防控要求落实（10分）		建设项目环境影响评价及其批复提出的风险防控措施不落实的	10
		不存在上述问题的	0
环境风险源事故现场处置方案（10分）		存在以下情况的，每项记5分，记满10分为止： （1）无环境风险源事故处置方案的或环境风险源事故处置方案无环保内容的； （2）未按要求开展演练并记录的； （3）未按要求进行备案的	0～10
		不存在上述问题的	0

5. 环境风险受体敏感性

如表2-14所示，根据环境风险受体的重要性和敏感程度，将环境风险源周边的环境风险受体由高到低分为类型1、类型2和类型3，分别表示为$E1$、$E2$和$E3$。如果环境风险源周边存在多种类型的环境风险受体，则按照重要性和敏感度高的类型计。

环境风险源在正常生产及事故状况下次生的环境风险物质为气态并可能仅对大气环境产生污染的，在判别环境风险受体敏感性时可不考虑水及土壤环境风险受体。

环境风险源在正常生产及事故状况下次生的环境风险物质为液态或固态并可能仅对水或土壤环境产生污染的，可在判别环境风险受体敏感性时不考虑大气环境风险受体。

表2-14　环境风险受体敏感程度类型划分

类别	环境风险受体情况
类型1 （E1）	（1）水上加油站上游0.5km和下游10km范围内，或汽车加油站可通过环境通道影响范围内，有如下一类或多类环境风险受体的：集中式地表水、地下水饮用水水源保护区（包括一级保护区、二级保护区及准保护区）；农村及分散式饮用水水源保护区；重要湿地；珍稀濒危野生动植物天然集中分布区；重要水生生物的自然产卵场及索饵场；越冬场和洄游通道；世界文化和自然遗产地；红树林、珊瑚礁等滨海湿地生态系统；珍稀、濒危海洋生物的天然集中分布区；海洋特别保护区；海上自然保护区；盐场保护区；海水浴场；海洋自然历史遗迹；风景名胜区；或其他特殊重要保护区域； （2）以水上加油站算起，河流24h流经范围（按最大日均流速计算）内涉跨国界或省界的； （3）周边现状不满足环评及批复文件防护距离要求的； （4）加油加气站周边0.5km范围内人口总数大于1000人，或该区域内涉及军事禁区、军事管理区、国家相关保密区域
类型2 （E2）	（1）水上加油站上游0.5km、下游10km范围内，或汽车加油站可通过环境通道影响范围内，有如下一类或多类环境风险受体的：水产养殖区；天然渔场；基本农田保护区；基本草原；森林公园；地质公园；海滨风景游览区；具有重要经济价值的海洋生物生存区域；类型1以外的Ⅲ类地表水、城市景观水体； （2）加油加气站周边0.5km范围内人口总数大于500人，小于1000人； （3）加油站所在厂区位于岩溶地貌、泄洪区、泥石流多发等地区
类型3 （E3）	（1）水上加油站上游0.5km、下游10km范围，或汽车加油站可通过环境通道影响范围内，无上述类型1和类型2包括的环境风险受体； （2）加油加气站周边0.5km范围内人口总数小于500人

6. 环境风险等级评估

1）环境风险等级确定

根据环境风险源周边环境风险受体的3种类型，按照环境风险物质量Q、环境风险控制水平M矩阵，确定环境风险等级。

当环境风险源周边环境风险受体属于类型1时，环境风险等级按表2-15确定。

表2-15　类型1（E1）——环境风险分级表

环境风险物质量Q	环境风险控制水平M			
	M1	M2	M3	M4
Q1	三级环境风险	三级环境风险	二级环境风险	二级环境风险
Q2	三级环境风险	二级环境风险	二级环境风险	二级环境风险
Q3	二级环境风险	二级环境风险	一级环境风险	一级环境风险

当环境风险源周边环境风险受体属于类型2时，环境风险等级按表2-16确定。

表2-16　类型2（E2）——环境风险分级表

环境风险物质量Q	环境风险控制水平M			
	M1	M2	M3	M4
Q1	三级环境风险	三级环境风险	三级环境风险	二级环境风险
Q2	三级环境风险	三级环境风险	二级环境风险	二级环境风险
Q3	二级环境风险	二级环境风险	二级环境风险	一级环境风险

当环境风险源周边环境风险受体属于类型3时，环境风险等级按表2-17确定。

表2-17　类型3（E3）——环境风险分级表

环境风险物质量Q	环境风险控制水平M			
	M1	M2	M3	M4
Q1	三级环境风险	三级环境风险	三级环境风险	三级环境风险源
Q2	三级环境风险	三级环境风险	二级环境风险	二级环境风险
Q3	三级环境风险	二级环境风险	二级环境风险	二级环境风险

2）环境风险等级调整

位于政府划定的生态保护红线区或其他禁止开发区域，且未依法获得政府许可的环境风险源，直接评估为一级环境风险。

存在如下任意一种情况的，在已评定的等级基础上调高一级，最高等级为一级：

（1）环境影响评价手续不完善或久试未验的；

（2）近三年内，发生过突发环境事件的；

（3）其他需要进行等级调整的情况。

二　加油站环境风险评估实例

以油品销售企业Y加油站为例，开展环境风险识别。Y加油站投产日期为1995年1月，占地面积为2188m²，加油站总容积为120m³，共有汽油罐3个，单罐最大存储量30m³；柴油罐1个，单罐最大存储量30m³。

加油站周边区域环境空气功能区属于二类区，执行《环境空气质量标准》（GB 3095—2012）二级标准。地表水执行《地表水环境质量标准》（GB 3838—2002）Ⅲ类水质标准的要求。

1. 环境风险源划分

按照标准，Y加油站整体应被作为一个环境风险源看待。

2. 环境风险物质量

根据储罐/储气设施总容积或单罐容积，汽车加油加气站从低到高可分为三级、二级和一级，分别用 $Q1$、$Q2$ 和 $Q3$ 表示。具体分级标准参照《汽车加油加气站设计与施工规范》(GB 50156)。本例中Y加油站共有4个卧式罐，单罐储存数量30m³，总储存数量120m³。根据《汽车加油加气站设计与施工规范》，Y加油站属于二级加油站，环境风险物质量取 $Q2$。建议各企业在开展评价时，加油加气站等级直接参照建设验收时的安全评价报告，不需自行计算，避免计算错误。

3. 环境风险控制水平

此处采用评分法对环境风险源安全及设备质量管理、环境风险防控措施等指标进行评估，确定环境风险控制水平。

Y加油站由于存在"地下油罐未使用双层罐或者采取建造防渗池等其他有效措施的""加油加气站内地面雨水由明沟排到站外时，未在围墙内设置水封装置的"问题，因此记15分。

将上述记分累加，得出 M 值，①$M < 15$；②$15 \leq M < 30$；③$30 \leq M < 50$；④$M \geq 50$ 四种情况，分别以 $M1$、$M2$、$M3$ 和 $M4$ 表示。因此Y加油站的 M 值为15，环境风险控制水平为 $M2$。

4. 环境风险受体敏感性

Y加油站未处于集中式饮用水水源保护区，无自来水厂取水口、重要湿地、特殊生态系统、水产养殖区、鱼虾产卵场、天然渔场等水环境风险受体，无基本农田保护区等土壤环境受体；该站周围200m范围内居民区较少，医疗卫生、文化教育、科研、行政办公等机构人口总数小于1000人。因此，判断Y加油站环境风险受体类型为：类型3（$E3$）。

5. 环境风险等级评估

根据环境风险源周边环境风险受体的3种类型，按照环境风险物质量（Q）、环境风险控制水平（M）矩阵，确定环境风险等级。

Y加油站环境风险受体敏感性是E3，选用表2-17为依据确定等级。其环境风险物质量取Q2，环境风险控制水平M2，且不存在环境风险等级调整的情况，因此Y加油站为三级环境风险。

三　对"加油站环境风险评估"方法的解读和思考

1. 关于环境风险物质量计算

【标准解读】 汽车加油加气站根据储罐/储气设施总容积或单罐容积，汽车加油加气站从低到高可分为三级、二级和一级，分别用$Q1$、$Q2$和$Q3$表示。具体分级标准参照《汽车加油加气站设计与施工规范》(GB 50156)。当进行油气混建站的计算时，涉及CNG、LNG、L-CNG等，建议直接用安评报告结论，不需自行计算。

标准中加油站的等级划分举例如表2-18所示。

表2-18　加油站等级划分

级别	油罐容积/m³	
	总容积	单罐容积
一级	$150 < V \leqslant 210$	$V \leqslant 50$
二级	$90 < V \leqslant 150$	$V \leqslant 50$
三级	$V \leqslant 90$	$V_{汽油罐} \leqslant 30$，$V_{柴油罐} \leqslant 50$

注：柴油罐容积可折半计入油罐总容积。

【常见问题】 在新标准中关于环境风险物质量计算与过去标准不同，加油加气站直接采用《汽车加油加气站设计与施工规范》(GB 50156)中的等级划分。

2. 关于安全及设备质量管理评估

【标准解读】 在设备质量管理方面，主要评估加油站是否按规定进行设备设施检测、检验，检测结果是否满足设备设施质量要求，是否按照设计标准建设，设备设施等级是否满足要求。

在安全管理方面，首先评估加油站是否建立相关的环境管理制度，例如站区巡检制度、重要环保设备维护管理制度、可燃气体检测装置、重点部位管理制度、信息报告制度等；是否开展了安全生产管理情况评估，例如消防验收、安全生产许可、危险化学品安全评价、危险化学品重大危险源备案等。

其次，还应重点评估加油站是否有重大或较大生产安全事故隐患未完成整改的，是否有一般生产安全事故隐患未完成整改的。

3. 关于环境风险防控措施评估

【标准解读】 在环境风险监测预警措施方面，主要评估加油站是否进行了防渗漏监测，例如存在安装不符合规范、不按规定校验、不能正常使用等问题，均应视为措施不到位，按标准进行记分。

　　在环境风险防控措施有效性方面，首先评估事故紧急切断系统，规范设置紧急切断系统，且能否正常使用。其次，评估事故风险物质处置措施是否有效，汽车加油加气站包括地下油罐是否使用双层罐或者采取建造防渗池，地面雨水由明沟排到站外时是否在围墙内设置水封装置，排出建筑物或围墙的污水是否设水封井，水封井的水封高度和沉泥段高度是否符合要求（均不应小于0.25m），清罐产生的危险废物是否进行规范化处理处置，排出站外的污水是否符合国家现行有关污水排放标准规定，是否采用暗沟排水。最后，对于水上加油站，应评估其防污结构和设备是否满足《船舶与海上设施法定检验规则》对油船的要求，是否设置污油水舱（柜）或容积是否满足要求，货油舱区域甲板面污油水是否能够通过槽沟等有效方式收集至污油水舱（柜），货油舱区域甲板面四周是否设置连续围堰，围堰排水孔是否设置堵孔塞，装卸软管连接处是否设置收集盘或等效设施，吸油毡、围油栏、收油机等溢油回收是否具备处置措施。

　　在环境风险源事故现场处置方案方面，主要评估加油（气）站事故应急处置方案制定情况及演练情况。事故处置方案应紧密贴合实际，包含事故状态下的环境保护工作要求、处置程序，风险源所在加油（气）站应按要求开展演练并记录，根据演练情况评估现存问题并落实闭环整改。同时，事故处置方案应在有效期内报地方主管部门进行备案。

第三节　成品油陆路长输管道环境风险评估

　　本节主要对《中国石化突发环境事件风险评估指南（2019版）》中成品油陆路长输管道的环境风险评估方式进行介绍，并以某条成品油长输管道管段为例，对照指南开展评估，分析在成品油长输管道环境风险评估中可能出现的问题，对各销售企业环境风险识别工作形成指导。

一　成品油陆路长输管道环境风险评估标准

1. 适用范围

本部分适用于中国石化陆上油气长输管道，油气田集输管道，以及炼油、化工企业厂际管道的环境风险识别及环境风险等级评估。

2. 环境风险源划分原则

环境风险源识别应遵循以下原则：

（1）相邻两个切断阀之间的管道可作为一个环境风险源；

（2）相对独立区域内，可以紧急关断的一条或多条油气集输管道可作为一个环境风险源；

（3）对按照（1）或（2）划分的管段，宜按环境风险受体类型和敏感性再次进行管段划分。

3. 环境风险物质量

1）油品及高盐水输送管道

计算环境风险源涉及环境风险物质最大可能泄漏量 q（考虑紧急关断阀门之前的泄漏量与关闭之后的可能泄漏量），将最大可能泄漏量分为：① $q < 100t$，② $100t \leq q < 1000t$，③ $1000t \leq q < 10000t$，④ $q \geq 10000t$ 四种情况，并分别以 $Q1$、$Q2$、$Q3$ 和 $Q4$ 表示。

2）天然气及化学品输送管道

计算环境风险源涉及环境风险物质最大可能泄漏量 q（考虑紧急关断阀门之前的泄漏量与关闭之后的可能泄漏量）与临界量 Q 比值 R，将 R 值分为：① $R < 1$；② $1 \leq R < 10$；③ $10 \leq R < 100$；④ $R \geq 100$ 四种情况，并分别以 $R1$、$R2$、$R3$ 和 $R4$ 表示。

在采用管廊输送时，分别计算每根管道最大存在总量 q 与临界量 Q 比值，取 R 值最大的作为该管廊风险源的 R 值参与评估。

4. 环境风险控制水平

采用评分法对环境风险源安全及设备质量管理、环境风险防控措施等指标进行评估汇总，确定环境风险控制水平。评估指标及控制水平类型划分分别见表2-19及表2-20。

环境风险源安全及设备质量管理评估时，赋分因子存在交叉的，按高分值计分一次。

表2-19　环境风险控制水平评估指标

指标		分值
安全及设备质量管理（50分）	安全管理	25
	设备质量管理	25
环境风险防控措施（50分）	环境风险监测预警措施	10
	环境风险防控措施有效性	20
	建设项目环境风险防控要求落实	10
	环境风险源事故现场处置方案	10

表2-20　环境风险控制水平类型划分

环境风险控制水平值（M）	环境风险控制水平类型
$M < 15$	$M1$
$15 \leq M < 30$	$M2$
$30 \leq M < 50$	$M3$
$M \geq 50$	$M4$

1）安全及设备质量管理

对环境风险源安全及设备质量管理情况按照表2-21进行评估。

表2-21　环境风险源安全及设备质量管理评估

评估指标	评估依据	分值
安全管理（25分）	重大或较大生产安全事故隐患（包括地质灾害类隐患，如地质灾害防治工程不符合规范等）未完成整改的	25
	一般生产安全事故隐患（包括地质灾害类隐患）未完成整改的，每一项记10分，记满25分为止	0～25
	不存在上述问题的	0
设备质量管理（25分）	存在下列任意一项的： （1）未按规定进行设备设施检测、检验的； （2）检测结果不能满足设备设施质量要求的； （3）未按设计标准建设的； （4）使用的设备设施等级不满足要求的； （5）管道重要保护设施/措施不能正常使用的； （6）评估管段最近一年发生泄漏次数大于3次；单井、集输管道评估管段最近一年发生泄漏次数大于5次的	25

续表

评估指标	评估依据	分值
设备质量管理（25分）	存在下列情况的，每项记10分，记满25分为止： （1）设备设施超期使用且未经过评估的； （2）设备设施降等级使用未经评估的； （3）设计变更未经主管部门批准的； （4）未按规定设置警示标志的； （5）不按规定巡线的； （6）评估管段最近一年发生泄漏次数少于3次的；单井、集输管道评估管段最近一年发生泄漏次数少于5次的	0~25
	不存在上述问题的	0

2）环境风险防控措施

按照表2-22评估管道环境风险防控措施。

表2-22　环境风险防控措施评估

评估指标	评估依据		分值
环境风险监测预警措施（10分）	未按规定设置环境风险物质泄漏监测措施的		10
	存在下列情况的每项记5分，记满为止： （1）安装不符合规范的； （2）不按规定校验的； （3）不能正常使用的； （4）监测因子缺项的		0~10
	按规定安装泄漏监测措施的		0
环境风险防控措施有效性（20分）	事故紧急关断措施（10分）	不具备有效的事故紧急关断措施（关断阀失效或不能符合紧急关断时效要求）	10
		具备有效的手动线路截断阀（符合紧急关断时效要求）	5
		具备有效的远控或自动线路截断阀	0
	事故风险物质隔断措施（5分）	涉及水环境风险受体，不具备事故风险物质隔断措施（拦截沟、防护墙等）	5
		不涉及水环境风险受体，或具备事故风险物质隔断措施（拦截沟、防护墙等）	0
	事故风险物质处置措施（5分）	无事故污染物处置措施	5
		事故污染物处置措施不完善；或应急物资配置不满足应急处置要求	0~5
		具有完善的环境应急物资装备（吸油毡、围油栏、收油机等）	0
建设项目环境风险防控要求落实（10分）	建设项目环境影响评价及其批复提出的环境风险防控措施不落实的		10
	不存在上述问题的		0

续表

评估指标	评估依据	分值
环境风险源事故现场处置方案（10分）	存在以下情况的，每项记5分，记满10分为止： （1）无环境风险源事故处置方案的或环境风险源事故处置方案无环保内容的； （2）未按要求开展演练并记录的； （3）未按要求进行备案的	0~10
	不存在上述问题的	0

5. 环境风险受体敏感性

根据环境风险受体的重要性和敏感程度，将环境风险源周边可能受影响的环境风险受体由高到低分为类型1、类型2和类型3，分别表示为E1、E2和E3，具体如表2-23所示。如果环境风险源周边存在多种类型的环境风险受体，则按照重要性和敏感度高的类型计。

环境风险源在正常生产及事故状况下次生的环境风险物质为气态并可能仅对大气环境产生污染的，在判别环境风险受体敏感性时可不考虑水及土壤环境风险受体。环境风险源在正常生产及事故状况下次生的环境风险物质为液态或固态并可能仅对水或土壤环境产生污染的，可在判别环境风险受体敏感性时不考虑大气环境风险受体。

表2-23 环境风险受体敏感程度类型划分

类别	环境风险受体情况
类型1（E1）	（1）管道泄漏可能影响如下一类或多类环境风险受体的：集中式地表水、地下水饮用水水源保护区（包括一级保护区、二级保护区及准保护区）；农村及分散式饮用水水源保护区；自然保护区；重要湿地；珍稀濒危野生动植物天然集中分布区；重要水生生物的自然产卵场及索饵场、越冬场和洄游通道；世界文化和自然遗产地；红树林、珊瑚礁等滨海湿地生态系统；珍稀、濒危海洋生物的天然集中分布区；海洋特别保护区；海上自然保护区；盐场保护区；海水浴场；海洋自然历史遗迹；风景名胜区；或其他特殊重要保护区域； （2）管道泄漏影响到河流后24h流经范围（按最大日均流速计算）内涉跨国界或省界的； （3）管道两侧各200m范围内，每千米管段人口总数大于200人； （4）管道和市政管道、沟渠（如雨水、污水等）交叉（包括立面设置），或管道中心两侧5m范围内有市政管道、沟渠（如雨水、污水等）
类型2（E2）	（1）管道直接经过，或可能影响如下一类或多类环境风险受体的：水产养殖区；天然渔场；基本农田保护区；基本草原；森林公园；地质公园；海滨风景游览区；具有重要经济价值的海洋生物生存区域；类型1以外的Ⅲ类地表水； （2）管道两侧各200m范围内，每千米管段人口总数大于100人，小于200人； （3）管道中心两侧5~10m范围内有市政管道、沟渠（如雨水、污水等）
类型3（E3）	（1）管道直接经过，或可能影响的范围内无上述类型1和类型2环境风险受体； （2）管道两侧各200m范围内，每千米管段人口总数小于100人； （3）管道中心两侧10m范围外有市政管道、沟渠（如雨水、污水等）

6. 环境风险等级评估

1）环境风险等级确定

根据环境风险源周边环境风险受体3种类型，按照环境风险物质量Q/R、环境风险控制水平M矩阵，确定环境风险等级。

当环境风险源周边环境风险受体属于类型1时，环境风险等级按表2-24确定。

表2-24 类型1（$E1$）——环境风险分级表

环境风险物质量Q/R	环境风险控制水平M			
	$M1$	$M2$	$M3$	$M4$
$Q1/R1$	三级环境风险	二级环境风险	一级环境风险	一级环境风险
$Q2/R2$	三级环境风险	二级环境风险	一级环境风险	一级环境风险
$Q3/R3$	二级环境风险	一级环境风险	一级环境风险	一级环境风险
$Q4/R4$	二级环境风险	一级环境风险	一级环境风险	一级环境风险

当环境风险源周边环境风险受体属于类型2时，环境风险等级按表2-25确定。

表2-25 类型2（$E2$）——环境风险分级表

环境风险物质量Q/R	环境风险控制水平M			
	$M1$	$M2$	$M3$	$M4$
$Q1/R1$	三级环境风险	三级环境风险	二级环境风险	一级环境风险
$Q2/R2$	三级环境风险	二级环境风险	一级环境风险	一级环境风险
$Q3/R3$	三级环境风险	二级环境风险	一级环境风险	一级环境风险
$Q4/R4$	二级环境风险	一级环境风险	一级环境风险	一级环境风险

当环境风险源周边环境风险受体属于类型3时，环境风险等级按表2-26确定。

表2-26 类型3（$E3$）——环境风险分级表

环境风险物质量Q/R	环境风险控制水平M			
	$M1$	$M2$	$M3$	$M4$
$Q1/R1$	三级环境风险	三级环境风险	三级环境风险	二级环境风险
$Q2/R2$	三级环境风险	三级环境风险	二级环境风险	一级环境风险
$Q3/R3$	三级环境风险	二级环境风险	一级环境风险	二级环境风险
$Q4/R4$	二级环境风险	二级环境风险	一级环境风险	一级环境风险

2）环境风险等级调整

位于政府划定的生态保护红线区或其他禁止开发区域，且未依法获得政府许可的环境风险源，直接评估为一级环境风险。

存在如下任意一种情况的，在已评定的等级基础上调高一级，最高等级为一级：

（1）环境影响评价手续不完善或久试未验的；

（2）近三年内，发生过突发环境事件的；

（3）其他需要进行等级调整的情况。

二　成品油长输管道环境风险评估实例

本节以Z成品油管道H站至N阀室段为例。

1. 管道基本情况

Z成品油管道全长630.6km，全线设计压力为9.5MPa，材质为L415MB和L360MB，管道顺序输送成品汽油、组分汽油和柴油。东线为Y市到T市，长166km，管径为355.6mm×7.1mm，设计输量$230×10^4$t/a；北线为Y市到X市，长332km，设计输量$415×10^4$t/a。该成品油管道2015年1月7日投产试运行至今。

2. 风险源基本情况

根据"相邻两个切断阀之间的管道可作为一个环境风险源"的原则，选取Z成品油管道H站至N阀室段为受评估的环境风险源。如图2-2所示，该段管径为

图2-2　举例管段示意图

355.6mm×7.1mm，3PE防腐管、材质为L415MB，管道设计压力为9.5MPa，管道穿越穿当地"二河"水体，定向钻入土点位于的二河东堤背水堤角外189.8m，入土点位于地面下深1.5m，入土角为9°，管道出土点位于二河西堤背水坡堤外161.4m处，出土角为6°，出土点位于地面以下深1.5m，成品油管道位于二河河床下方，管道高程−11.7m，二河河床以下管道最小埋深为18.6m，管道距二河东堤堤顶埋深29.9m，距二河东堤外堤角埋深21.9m，距西堤堤顶埋深22.3m，距西堤外堤角埋深11.1m，最大程度上保证河道的安全性，本段定向钻出、入土点之间水平长度1470.8m，实长1493.13m。

3. 自然环境概况（E）

Z成品油管道北线自H站开始，经过高速公路G205和G25之后，往西南方向经过农田，再由东向西定向钻穿越二河后至N阀室。二河属于入江水道，是H市饮用水源。定向钻入土点位于的二河东堤背水堤角外189.8m，管道出土点位于二河西堤背水坡堤外161.4m处。该区域为H市饮用水水源保护区、二河生态公益林。根据《中国石化环境风险评估指南（2019版）》，环境风险受体类型为E1。

4. 环境风险控制水平（M）

此处采用评分法对设备质量管理、环境风险防控措施等指标进行评估汇总，确定环境风险控制水平。

由于Z成品油管道"H站至N阀室段"管段存在"具备有效的手动线路截断阀（符合紧急关断时效要求）"问题，记5分。"涉及水环境风险受体，不具备事故风险物质隔断措施（拦截沟、防护墙等）"，记5分。"环境风险源事故现场处置方案未按要求开展演练并记录的""未按要求进行备案的"，记10分。

将上述记分累加，得出M值。由于①$M < 15$；②$15 \leqslant M < 30$；③$30 \leqslant M < 50$；④$M \geqslant 50$四种情况，分别以$M1$、$M2$、$M3$和$M4$表示，Z成品油管段的M值累加为20，因此环境风险控制水平为$M2$。

5. 涉及环境风险物质和数量（Q）

参照油品输送管道标准计算环境风险源涉及环境风险物质最大可能泄漏量q（考虑紧急关断阀门之前的泄漏量与关闭之后的可能泄漏量），将最大可能泄漏量分为：①$q < 100t$，②$100t \leqslant q < 1000t$，③$1000t \leqslant q < 10000t$，④$q \geqslant 10000t$四种情况，并分别以$Q1$、$Q2$、$Q3$和$Q4$表示。

Z成品油管道"H站至N阀室段"管段内环境风险物质存量315.1t，紧急切断用时 10min，紧急关断前泄漏量经测算将达到 56t，环境风险物质最大可能泄漏量 371.1t，属于 100t ≤ q < 1000t，因此取值 $Q2$。

6. 风险等级

根据环境风险分级表，Z 成品油管道"H 站至 N 阀室段"管段的风险等级为二级 （$Q2$（371.1）$M2$（20）$E1$）。

三　对"成品油陆路长输管道环境风险评估"方法的解读和思考

1. 关于环境风险源划分

【标准解读】　根据标准，管道环境风险源划分有三个原则。成品油管道环境风险源主要通过切断阀、紧急关断装置、环境风险受体三种情况来进行判定。首先，通过切断阀和紧急关断装置进行划分的模式，着重考虑便于计算评估该管段最大泄漏量的因素。在此基础上，再通过环境风险受体划分是由于初步划分后，还应进一步评估管段是否经过了多个受体类型和敏感性区域。需要通过环境风险受体进一步划分的情况多出现在建设时期较早的成品油长输管道上，因为在《输油管道工程设计规范》（GB 50252—2014）标准中增加了"埋地输油管道沿线在河流大型穿跨越及饮用水水源保护区两端应设置线路截断阀。在人口密集区管段或根据地形条件认为需要截断处，宜设置线路截断阀。需防止油品倒流的部位应安装能通过清管器的止回阀"的要求。

【常见问题】　各销售企业在评估成品油长输管道风险过程中，往往存在风险源划分标准不统一的问题。常见的做法是采用"相邻两个切断阀之间的管道可作为一个环境风险源"的方式进行风险源划分，忽视了"对划分的管段，宜按环境风险受体类型和敏感性再次进行管段划分"的要求。由于成品油长输管道经过区域自然环境类别较多，在相邻两个切断阀之间的管道往往有几十公里，甚至上百公里，经过的环境风险受体敏感程度可能同时存在 $E1$、$E2$ 或 $E3$，在评估结果上会导致全段管道达到较高的风险等级，在风险管控措施的制定和落实上针对性不强。

【工作建议】　充分落实《中国石化重大生产安全事故隐患判定标准指南（2019版）》要求，在开展管道环境风险评估工作时，应首先明确环境风险源划分，按照两步开展工作。第一步按照切断阀、紧急关断装置的设置情况，对管段进行初步划分，即具备隔离能力的管段单独划出，即"输油站—阀室—阀室—输油站"类型。第二步应开展初步划分管段环境风险受体类型和敏感性识别，对每个管段包含的环境风险受体类型和敏感性列出清单、评估等级（$E1$、$E2$、$E3$）。第三步对同时包含不同环境敏感性区域的管段进行二次划分。

2. 关于环境风险源安全及设备质量管理评估

【标准解读】　存在重大或较大生产安全事故隐患（包括地质灾害类隐患，如地质灾害防治工程不符合规范等）未完成整改的，安全管理记25分；存在一般生产安全事故隐患（包括地质灾害类隐患）未完成整改的，每一项记10分，记满25分为止。

油气输送管道的隐患分级标准执行国家安全监管总局《油气输送管道安全隐患分级参考标准》，同时还应参照《中国石化生产安全风险和隐患排查治理双重预防机制管理规定》《中国石化重大生产安全事故隐患判定标准指南（试行）》，检查评估评价管段是否存在重大、较大或一般隐患。

油气输送管道安全隐患分类分级如表2-27所示。

表2-27　油气输送管道安全隐患分级参考标准

管道隐患分级方式		重大隐患（存在重大风险的隐患）	较大隐患（存在较大风险的隐患）	一般隐患（存在一般风险的隐患）
占压	人员密集程度	存在10人以上经常滞留的场所、建（构）筑物，占压Ⅰ类管道	存在10人以下经常滞留的场所、建（构）筑物，占压Ⅰ类管道	无人员经常滞留的建（构）筑物，占压Ⅰ类管道
		存在30人以上经常滞留的场所、建（构）筑物，占压Ⅱ类管道	存在10人以上30人以下经常滞留的场所、建（构）筑物，占压Ⅱ类管道	存在10人以下经常滞留的场所、建（构）筑物，占压Ⅱ类管道
	管道建设年限	占压建设年限20年以上的管道	占压建设年限10年以上20年以下的管道	占压建设年限10年以下的管道
安全距离不足	人员密集程度	与Ⅰ类管道安全距离不足且存在30人以上经常滞留的场所、建（构）筑物	与Ⅰ类管道安全距离不足且存在10人以上30人以下经常滞留的场所、建（构）筑物	与Ⅰ类管道安全距离不足且存在10人以下经常滞留的场所、建（构）筑物
		与Ⅱ类管道安全距离不足且存在50人以上经常滞留的场所、建（构）筑物	与Ⅱ类管道安全距离不足且存在30人以上50人以下经常滞留的场所、建（构）筑物	与Ⅱ类管道安全距离不足且存在30人以下经常滞留的场所、建（构）筑物
	管道建设年限	与建设年限20年以上的管道安全距离不足	与建设年限10年以上20年以下的管道安全距离不足	与建设年限10年以下的管道安全距离不足

续表

管道隐患分级方式		重大隐患 （存在重大风险的隐患）	较大隐患 （存在较大风险的隐患）	一般隐患 （存在一般风险的隐患）
交叉、穿跨越	管线交叉	Ⅰ、Ⅱ类管道直接与城镇雨（污）水管涵、热力、电力、通信管涵交叉且没有采取保护措施的	与市政及民用管道交叉净距小于0.3m且未设置坚固绝缘隔离物。或者与非金属管道最小净距小于0.05m的	与线缆交叉净距小于0.5m
			与输送腐蚀性介质管道交叉或者穿越有工业废水和腐蚀性的土壤	
	公路铁路	建设年限30年以上的油气管道，且无法检测，难以维修的	建设年限20年以上30年以下的油气管道，且无法检测，难以维修的	建设年限10年以上20年以下的油气管道，且无法检测，难以维修的
			直接穿越时，管道顶部与铁路距离小于1.6m，与公路路面小于1.2m。或者有套管穿越铁路，套管顶部最小覆盖层自铁路路肩以下小于1.7m，距自然地面或边沟以下小于1.0m	距公路和铁路的路边低洼处管线埋深小于0.9m
		阴极保护失效的	穿越铁路或二级以上公路时，未采用在套管或涵洞内敷设的	受交直流干扰，且没有采取排流措施的，或采取措施后仍没有达标的
	河流、水源地等	建设年限30年以上的油气管道，且无法检测，难以维修的	建设年限20年以上30年以下的油气管道，且无法检测，难以维修的	建设年限10年以上20年以下的油气管道，且无法检测，难以维修的
		穿越水域管段与港口、码头、水下建筑物或引水建筑物等之间的距离小于200m	穿越水域的输油气管段，敷设在水下的铁路隧道和公路隧道内的	埋深不符合设计要求，各种支护、水工保护破损，架空段腐蚀严重的
		穿越风景名胜区、自然保护区、生活水源保护地的输油气管段存在的隐患	穿越生活水源保护地、大型水域，输油管道两岸未设置截断阀室	
	城镇	穿越城镇规划区、非城镇规划区并形成密闭空间的长输油气管线		

说明：①本标准所称的"以上"包括本数，"以下"不包括本数。
②管道类型根据管道输送介质将管道划分为Ⅰ类管道和Ⅱ类管道。Ⅰ类管道包括输送天然气、液化气、煤制气及其他可燃性气体的管道；输送汽油、煤油等高挥发性轻质油品的管道；输送易燃、易爆、有毒有害气体和甲类闪点的液体危险化学品的管道。Ⅱ类管道包括输送柴油、喷气染料、原油等非轻质油品的管道；输送除易燃、易爆、有毒有害气体和甲类闪点的液体危险化学品以外的管道。
③连续占压或安全距离不足情况按1处隐患统计，并将隐患合并情况单独说明。

【标准原文】 存在下列任意一项的，设备质量管理记25分：①未按规定进行设备设施检测、检验的；②检测结果不能满足设备设施质量要求的；③未按设计标准建设的；④使用的设备设施等级不满足要求的；⑤管道重要保护设施/措施不能正常使用的；⑥评估管段最近一年发生泄漏次数大于3次；单井、集输管道评估管段最近一年发生泄漏次数大于5次的。存在下列情况的，每项设备质量管理记10分，记满25分为止：①设备设施超期使用且未经过评估的；②设备设施降等级使用未经评估的；③设计变更未经主管部门批准的；④未按规定设置警示标志的；⑤不按规定巡线的；⑥评估管段最近一年发生泄漏次数少于3次的，单井、集输管道评估管段最近一年发生泄漏次数少于5次的。

关于设备质量管理部分的评估相对容易理解。关于评价标准中的"按规定进行设备设施检测、检验"，对于成品油长输管道，应主要遵循《TSG D7003—2010压力管道定期检验规则——长输（油气）管道》进行，管道的定期检验通常包括年度检查、全面检验和合于使用评价。

年度检查，是指在运行过程中的常规性检查，至少每年1次，进行全面检验的年度可以不进行年度检查，年度检查通常由管道使用单位（以下简称使用单位）长输管道作业人员进行，也可委托经国家质量监督检验检疫总局（以下简称国家质检总局）核准，具有相应资质的检验检测机构（以下简称检验机构）进行。

全面检验，是指按一定的检验周期对在用管道进行基于风险的检验。新建管道一般于投用后3年内进行首次全面检验，首次全面检验之后的全面检验周期应当结合全面检验和合于使用评价结果确定；承担全面检验的检验机构，应当经国家质量监督检验检疫总局核准，并且在核准的范围内开展工作。

合于使用评价，在全面检验之后进行。合于使用评价包括对管道进行的应力分析计算；对危害管道结构完整性的缺陷进行的剩余强度评估与超标缺陷安全评定对危害管道安全的主要潜在危险因素进行的管道剩余寿命预测、以及在一定条件下开展的材料适用性评价。承担合于使用评价的的机构应当具备国家质检总局核准的合于使用评价资质。表2-23中的（2）检测结果不能满足设备设施质量要求的；（3）未按设计标准建设的；（4）使用的设备设施等级不满足要求的；（5）管道重要保护设施/措施不能正常使用的，均可以通过检验、检测的结果得出。

而设备设施超期使用且未经过评估的、设备设施降等级使用未经评估的、设计变更未经主管部门批准的均属于变更管理范畴，未按规定设置警示标志、不按规定巡线的属于日常管理范畴，均可以通过日常开展的管道检查进行评估。

【常见问题】 常见的成品油长输管道外管道隐患分为内部隐患和外部隐患两种。

内部隐患可能存在管道未按照设计路线施工、穿跨越管段浅埋、金属损伤、应力变形、防腐层破损等情况。外部隐患可能存在管道经过区域地质灾害频发，例如沿山铺设管道受滑坡影响被拉断，直埋管段铺设于泄洪区域被拉断，直埋或穿跨越管段经过河流、湖泊、水库受清淤影响被破坏，管道受第三方施工影响被破坏，打孔盗油等情况。在进行环境风险源安全评估时均应对以上隐患进行考虑，仅参照《油气输送管道安全隐患分级参考标准》和《中国石化重大生产安全事故隐患判定标准指南（试行）》两个标准可能会对以上列出的外部隐患情形评估不到位。

【工作建议】　环境风险源安全及设备质量管理评估是一项系统工作，仅通过某个部门或某个人是难以进行全面评估的，应由环保管理部门牵头，管道、设备等专业管理部门参与，逐管段开展识别和评估，对照标准和制度开展隐患识别，根据管道定期检测检验报告找到缺陷，组织检查发现日常运行存在问题，综合上述各项因素，对环境风险源安全及设备质量管理情况作出客观评价打分。

3. 关于最大可能泄漏量的计算

【标准解读】　"计算环境风险源涉及环境风险物质最大可能泄漏量"，这里主要指的是要计算在紧急关断阀门之前的泄漏量与关闭之后的可能泄漏量。关闭之前的泄漏量主要通过管道运行时流量及关闭截断阀需要的时间确定。关闭之后的可能泄漏量主要通过该环境风险源管段前后截断阀能够封存油品总量确定。

【常见问题】　最大可能泄漏量计算不准确。一是关闭之前的泄漏量计算不准确。在估算关闭之前的泄漏量时，会出现运行流量取值不准确的情况，部分企业取值设计流量，部分企业取值平均流量；会出现关闭截断阀需要的时间估算不准确的情况，对于远控截断阀关闭时间需计算信息报送、下达及阀门动作时间，对于手动截断阀还需计算人员到达和操作时间。二是关闭之后的可能泄漏量计算不准确。部分企业在计算时，直接将截断阀之间管段容积作为泄漏量，没有考虑管道高程差对可能泄漏量的影响。

【工作建议】　在计算关闭之前的泄漏量时，估算关闭之前的泄漏量，应取值近年来该管段运行的最高流量。估算关闭之后的可能泄漏量，应充分考虑管道高程差对可能泄漏量的影响，计算从该段管道高点到低点的容积。同时，在进行全过程泄漏量计算时，应充分考虑管道应急工艺处置，全线停输对最大泄漏量计算产生的影响。

第四节　码头环境风险评估

　　本节主要对《中国石化突发环境事件风险评估指南（2019版）》中码头的环境风险评估方式进行介绍，并以销售企业某座码头为例，对照指南开展评估，分析在码头环境风险评估中可能出现的问题，对各销售企业环境风险识别工作形成指导。

一　码头环境风险评估标准

　　1. 适用范围

　　本部分适用于中国石化各沿江（河）、沿海码头的环境风险识别及环境风险等级评估。

　　2. 环境风险源划分原则

　　相对独立的泊位（趸船）可作为一个环境风险源，含泊位至最近一处截断阀之间的装卸管道。

　　3. 环境风险物质量

　　1）化学品类环境风险物质

　　计算该环境风险源所涉及的化学品类环境风险物质的最大可能泄漏量 q 与其临界量 Q 的比值 R。最大存在总量 q 包括管道截断之前的流量，以及装卸管道从泊位至最近一处紧急截断阀之间的存量（截断阀关断时间按响应时间计）。

　　将 R 值分为：①$R < 0.1$，②$0.1 \leqslant R < 1$；③$1 \leqslant R < 10$；④$R \geqslant 10$ 四种情况，分别以 $R1$、$R2$、$R3$ 和 $R4$ 表示。

　　2）油类环境风险物质

　　计算环境风险源涉及的油类物质最大可能泄漏量 q。最大可能泄漏量包括管道截断之前的流量，以及装卸管道从泊位至最近一处紧急截断阀之间的存量（截断阀关断时间按响应时间计）。

　　将最大可能泄漏量 q 分为：①$q < 1t$，②$1t \leqslant q < 10t$，③$10t \leqslant q < 50t$，④$q \geqslant 50t$ 四种情况，分别以 $Q1$、$Q2$、$Q3$ 和 $Q4$ 表示。

　　4. 环境风险控制水平

　　采用评分法对环境风险源安全及设备质量管理、环境风险防控措施等指标进行评估汇总，确定环境风险控制水平。评估指标及控制水平类型划分分别见表2-28与表2-29。

　　环境风险源安全及设备质量管理评估时，赋分因子存在交叉的，按高分值计分一次。

表2-28　环境风险控制水平评估指标

	指标	分值
安全及设备质量管理（40分）	安全管理	20
	设备质量管理	20
环境风险防控措施（60分）	环境风险监测预警措施	10
	环境风险防控措施有效性	30
	建设项目环境风险防控要求落实	10
	环境风险源事故现场处置方案	10

表2-29　环境风险控制水平类型划分

环境风险控制水平值（M）	环境风险控制水平类型
$M < 15$	$M1$
$15 \leqslant M < 30$	$M2$
$30 \leqslant M < 50$	$M3$
$M \geqslant 50$	$M4$

1）安全及设备质量管理

对环境风险源安全及设备质量管理按照表2-30进行评估。

表2-30　安全及设备质量管理评估

评估指标	评估依据	分值
安全管理（20分）	重大或较大生产安全事故隐患未完成整改的	20
	一般生产安全事故隐患未完成整改的，每一项记7分，记满20分为止	0 ~ 20
	不存在上述问题的	0
设备质量管理（20分）	存在下列任意一项的： （1）未按规定进行设备设施检测、检验的； （2）检测结果不能满足设备设施质量要求的； （3）未按设计标准建设的； （4）使用的设备设施等级不满足要求的	20

续表

评估指标	评估依据	分值
设备质量管理（20分）	存在下列情况的，每项记7分，记满20分为止： （1）设备设施超期使用且未经过评估的； （2）设备设施降等级使用未经评估的； （3）设计变更未经主管部门批准的	0～20
	不存在上述问题的	0

2）环境风险防控措施

按照表2-31评估环境风险源环境风险防控措施。

表2-31　环境风险防控措施评估

评估指标	评估依据	分值
环境风险监测预警措施（10分）	未按规定或政府要求设置环境风险物质泄漏监测预警措施的	10
	存在下列情况的每项记5分，记满10分为止： （1）装卸油品和液体化工品的码头未安装泄漏监视监测报警装置； （2）可燃、有毒气体报警仪未安装或数量不足的； （3）安装不符合规范的，或不按规定校验的，或不能正常使用的	0～10
	按规定安装泄漏监测措施的	0
环境风险防控措施有效性（30分）	事故紧急关断措施（10分）：码头工艺管道未设置紧急切断阀	10
	紧急切断阀为手动操作方式	5
	紧急切断阀为遥控操作方式	0
	事故风险物质处置措施（20分）：存在下列情况的，每项记10分，记满20分为止： （1）作业区污水收集措施不完善的； （2）无事故污染物储存及转输设施的； （3）泊位四周围堰不完善的； （4）泊位至陆地管道悬空，或引桥防泄漏措施不完善； （5）环境应急物资装备（围油栏、收油机、转输设备等）配备不完善	0～20
	不存在上述问题的	0
建设项目环境风险防控要求落实（10分）	建设项目环境影响评价及其批复提出的环境风险防控措施不落实	10
	不存在上述问题的	0
环境风险源现场处置方案（10分）	存在以下情况的，每项记5分，记满10分为止： （1）无环境风险源事故处置方案的或环境风险源事故处置方案无环保内容的； （2）未按要求开展演练并记录的； （3）未按要求进行备案的	0～10
	不存在上述问题的	0

5. 环境风险受体敏感性

根据环境风险受体的重要性和敏感程度，由高到低将环境风险源周边可能受影响的环境风险受体分为类型1、类型2和类型3，分别表示为$E1$、$E2$和$E3$，具体如表2-32所示。如果环境风险源周边存在多种类型的环境风险受体，则按照重要性和敏感度高的类型计。

环境风险源在正常生产及事故状况下次生的环境风险物质为气态并可能仅对大气环境产生污染的，在判别环境风险受体敏感性时可不考虑水及土壤环境风险受体。环境风险源在正常生产及事故状况下次生的环境风险物质为液态或固态并可能仅对水或土壤环境产生污染的，可在判别环境风险受体敏感性时不考虑大气环境风险受体。

表2-32 周边环境风险受体敏感程度类型划分

类别	环境风险受体情况
类型1 （E1）	（1）环境风险源下游10km范围内有如下一类或多类环境风险受体的：集中式地表水、地下水饮用水水源保护区（包括一级保护区、二级保护区及准保护区）；农村及分散式饮用水水源保护区；自然保护区；重要湿地；珍稀濒危野生动植物天然集中分布区；重要水生生物的自然产卵场及索饵场、越冬场和洄游通道；世界文化和自然遗产地；红树林、珊瑚礁等滨海湿地生态系统；珍稀、濒危海洋生物的天然集中分布区；海洋特别保护区；海上自然保护区；盐场保护区；海水浴场；海洋自然历史遗迹；风景名胜区；或其他特殊重要保护区域；（2）泄漏进入受纳水体后24h流经范围（按最大日均流速计算）内涉及跨国界或省界的；（3）环境风险源周边现状不满足环评及批复文件防护距离要求的；（4）环境风险源周边0.5km范围内的社会人口总数大于1000人，或该区域内涉及军事禁区、军事管理区、国家相关保密区域
类型2 （E2）	（1）环境风险源下游10km范围内有如下一类或多类环境风险受体的：水产养殖场；天然渔场；海滨风景游览区；具有重要经济价值的海洋生物生存区域；类型1以外的Ⅲ类地表水；（2）环境风险源周边0.5km范围内的社会人口总数大于500人，小于1000人
类型3 （E3）	（1）环境风险源下游10km范围内无上述类型1和类型2包括的环境风险受体；（2）环境风险源周边0.5km范围内的厂外区域部分人口总数小于500人

6. 环境风险等级评估

1）环境风险等级确定

根据环境风险源周边环境风险受体3种类型，按照环境风险物质量Q/R、环境风险控制水平M矩阵，确定环境风险等级。

当环境风险源周边环境风险受体属于类型1时，环境风险等级按表2-33确定。

表2-33   类型1（*E*1）——环境风险分级表

环境风险物质量*Q/R*	环境风险控制水平*M*			
	*M*1	*M*2	*M*3	*M*4
*Q*1/*R*1	三级环境风险	三级环境风险	二级环境风险	一级环境风险
*Q*2/*R*2	三级环境风险	二级环境风险	一级环境风险	一级环境风险
*Q*3/*R*3	二级环境风险	一级环境风险	一级环境风险	一级环境风险
*Q*4/*R*4	二级环境风险	一级环境风险	一级环境风险	一级环境风险

当环境风险源周边环境风险受体属于类型2时，环境风险等级按表2-34确定。

表2-34   类型2（*E*2）——环境风险分级表

环境风险物质量*Q/R*	环境风险控制水平*M*			
	*M*1	*M*2	*M*3	*M*4
*Q*1/*R*1	三级环境风险	三级环境风险	二级环境风险	二级环境风险
*Q*2/*R*2	三级环境风险	三级环境风险	二级环境风险	一级环境风险
*Q*3/*R*3	三级环境风险	二级环境风险	一级环境风险	一级环境风险
*Q*4/*R*4	二级环境风险	一级环境风险	一级环境风险	一级环境风险

当环境风险源周边环境风险受体属于类型3时，环境风险等级按表2-35确定。

表2-35   类型3（*E*3）——环境风险分级表

环境风险物质量*Q/R*	环境风险控制水平*M*			
	*M*1	*M*2	*M*3	*M*4
*Q*1/*R*1	三级环境风险	三级环境风险	三级环境风险	二级环境风险
*Q*2/*R*2	三级环境风险	三级环境风险	二级环境风险	二级环境风险
*Q*3/*R*3	三级环境风险	二级环境风险	二级环境风险	一级环境风险
*Q*4/*R*4	二级环境风险	二级环境风险	一级环境风险	一级环境风险

2）环境风险等级调整

位于政府划定的生态保护红线区或其他禁止开发区域，且未依法获得政府许可的环境风险源，直接评估为一级环境风险。

存在如下任意一种情况的，在已评定的等级基础上调高一级，最高等级为一级：

（1）环境影响评价手续不完善或久试未验的；

（2）近三年内，发生过突发环境事件的；

（3）其他需要进行等级调整的情况。

二　油库环境风险评估实例

本实例以油品销售企业M码头为例。

1. M码头基本情况

M码头位于的油库在Z省J港区，建设日期为1972年3月17日，投产日期为1975年7月9日，最新改扩建日期为2008年11月1日。M码头有3个泊位和1个工作船泊位。3个泊位分别为：7#泊位，可停靠2.5万～8万吨级油船；8#泊位，可停靠0.2万～8万吨级油船；9#泊位，可停靠0.2万～1.5万吨级油船，如图2-3所示。

图2-3　M码头图示

环境空气执行《环境空气质量标准》（GB 3095—2012）二级标准，海域水质执行《海水水质标准》（GB 3097—1997）四类水质标准。曾经发生的极端天气和自然灾害情况有台风和暴雨。

2. 环境风险源划分

根据环境风险源划分原则，相对独立的泊位（趸船）可作为一个环境风险源，含泊位至最近一处截断阀之间的装卸管道。将码头泊位至最近一处截断阀之间的区域作为一个环境风险源。

3. 环境风险物质量

参照油类环境风险物质标准计算环境风险源涉及的油类物质最大可能泄漏量

q。最大可能泄漏量包括管道截断之前的流量，以及装卸管道从泊位至最近一处紧急截断阀之间的存量（截断阀关断时间按响应时间计）。将最大可能泄漏量 q 分为：①$q < 1t$，②$1t \leqslant q < 10t$，③$10t \leqslant q < 50t$，④$q \geqslant 50t$ 四种情况，分别以 $Q1$、$Q2$、$Q3$ 和 $Q4$ 表示。

要计算成品油库 M 码头泊位风险物质的量，首先需要计算"装卸管道从泊位至最近一处紧急截断阀之间的存量"。M 码头泊位至最近一处紧急截断阀之间距离 1600m，管道内径 0.4m，可计算出该段容积 200.96m³，物料密度按照柴油计算 0.84t/m³，存量约为 168.8t。

其次，需计算"管道截断之前的流量"，按照该泊位应急演练响应情况，发生突发事件至截断阀关闭时间为 5min，管段运行最大流速为 1m/s，计算得出"管道截断之前的流量"约为 37.68m³，物料密度按照柴油计算 0.84t/m³，存量约为 31.65t。

环境风险物质最大可能泄漏量为 168.8 + 31.65 = 200.45t，属于 $q \geqslant 50t$，因此取值为 $Q4$。

4．环境风险控制水平

采用评分法对设备质量管理、环境风险防控措施等指标进行评估汇总，确定环境风险控制水平。

安全及设备质量管理：根据"环境风险源安全及设备质量管理评估"表如实进行评分，如存在不符合项，则按照规则记分，如无扣分项，则得 0 分。

环境风险防控措施：根据表如实进行评分，如存在不符合项，则按照规则记分，如无扣分项，则得 0 分。

M 码头泊位存在"作业区污水收集措施不完善的""无事故污染物储存及转输设施的""泊位四周围堰不完善的""泊位至陆地管道悬空，或引桥防泄漏措施不完善"问题，得 20 分。

将上述记分累加，得出 M 值，①$M < 15$；②$15 \leqslant M < 30$；③$30 \leqslant M < 50$；④$M \geqslant 50$ 四种情况，分别以 $M1$、$M2$、$M3$ 和 $M4$ 表示。

比如，举例码头泊位，M 值累加为 20，环境风险控制水平为 $M2$。

5．环境风险受体敏感性

根据环境风险受体的重要性和敏感程度，由高到低将环境风险源周边可能受影响的环境风险受体分为类型 1、类型 2 和类型 3，分别表示为 $E1$、$E2$ 和 $E3$，具体如表 2–35 所示。如果环境风险源周边存在多种类型的环境风险受体，则按照重要性和敏感度高的类型计。

M码头泊位周边有自然保护区和海上自然保护区，因此环境风险受体敏感性确定为E1。

6．环境风险等级评估

根据环境风险源周边环境风险受体的3种类型，按照环境风险物质量（Q）、环境风险控制水平（M）矩阵，确定环境风险等级。

因M码头的泊位环境风险受体敏感性是$E1$，所以选用表2-33确定等级。环境风险物质最大可能泄漏量取值$Q4$，环境风险控制水平$M2$，那么该码头泊位为一级环境风险。

三　对"码头环境风险评估"方法的解读和思考

1．关于环境风险源划分

【标准解读】　根据标准，相对独立的泊位（趸船）可作为一个环境风险源，含泊位至最近一处截断阀之间的装卸管道。

根据标准，这里的环境风险源划分遵循的原则是是否具备独立的与其他区域切断联系的泊位。

【常见问题】　一是错误将整座码头作为一个环境风险源；二是未将码头引桥管道、输油臂等装卸设施管道纳入环境风险源。

【工作建议】　当一个码头存在多个泊位时，相对独立的泊位（趸船）作为一个环境风险源。该风险源不应单考虑泊位区域，还应涵盖至最近一处截断阀之间的装卸管道。

2．关于环境风险物质量计算

【标准解读】　对于油类环境风险物质，需计算环境风险源涉及的油类物质最大可能泄漏量q，包括管道截断之前的流量，以及装卸管道从泊位至最近一处紧急截断阀之间的存量（截断阀关断时间按响应时间计）。

【常见问题】　在计算最大可能泄漏量q时不准确。

【工作建议】　在计算风险时，往往考虑的是极端状态，建议查询近年来码头泊位输送流量的历史数据，选取最大流量进行计算；截断阀关断响应时间应结合应急演练模拟事故状态下的实际情况，估算出自发现事故、应急报告、紧急关断全过程时间，算出在截断阀关闭阶段的泄漏量；同时应考虑，当泄漏点较大时，截断的管段内存油容积。

3. 关于安全及设备质量管理评估

【标准解读】 设备质量管理方面，主要评估码头是否按规定进行设备设施检测、检验，检测结果是否满足设备设施质量要求，是否按照设计标准建设，设备设施等级是否满足要求，是否有降等级使用未经评估，是否有设计变更未经主管部门批准。

安全管理方面，主要评估码头是否有重大或较大生产安全事故隐患未完成整改的，是否有一般生产安全事故隐患未完成整改的。

参照《中国石化重大生产安全事故隐患判定标准指南（试行）》，依据有关法律法规、部门规章、国家标准、行业标准和中国石化相关管理规定，判定重大生产安全事故隐患。

4. 关于环境风险防控措施评估

【标准解读】 环境风险监测预警措施方面，主要评估码头是否按规定或政府要求设置环境风险物质泄漏监测预警措施，对于成品油码头而言，主要是涉及到泄漏报警、视频监控、可燃气体报警等装置。同时，对于泄漏油品码头应具备集中收集围堰。当存在未安装泄漏监视、监测报警装置，可燃气体报警仪未安装或数量不足，安装不符合规范，不按规定校验，不能正常使用都属于环境风险监测预警措施不完善的情况。

环境风险防控措施有效性方面，首先评估码头事故紧急关断措施，环境风险源是否具备有效的紧急关断措施，是手动或自动，根据关断措施的可靠性和响应速度记分。再评估事故风险物质处置措施是否完善。存在作业区污水收集措施不完善、无事故污染物储存及转输设施、泊位四周围堰不完善、泊位至陆地管道悬空、引桥防泄漏措施不完善、环境应急物资装备（围油栏、收油机、转输设备等）配备不完善等问题的，均视为不完善，按照情况进行记分。

建设项目环境风险防控要求落实方面，评估建设项目环境影响评价及其批复提出的环境风险防控措施是否落实到位，按照情况进行记分。

环境风险源事故现场处置方案方面，主要评估方案制定情况及演练情况。事故处置方案应紧密贴合实际，包含事故状态下的环境保护工作要求、处置程序，风险源所在单位应按要求开展演练并记录，根据演练情况评估现存问题并落实闭环整改。同时，事故处置方案应在有效期内报地方主管部门进行备案。

思考题

1. 在采用《中国石化突发环境事件风险评估指南（2019版）》开展油库环境风险识别时，事故紧急关断措施主要是指什么？

2. 在采用《中国石化突发环境事件风险评估指南（2019版）》开展成品油长输管道环境风险识别时，如何避免管道"最大可能泄漏量计算不准确"的问题？

第三章

环境风险管控

本章主要结合突发事件实例进行情景分析，对照危害后果分析环境风险防控和应急措施存在的差距，举例制订环境风险防控和应急措施的实施计划，对各销售企业环境风险识别工作形成指导。

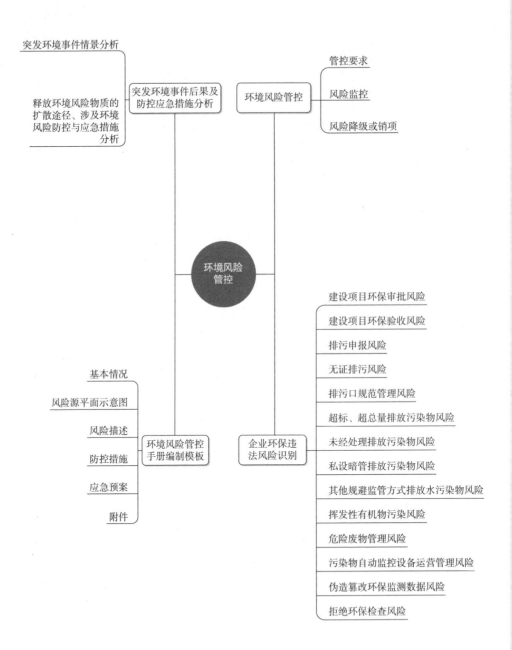

突发环境事件情景分析

释放环境风险物质的扩散途径、涉及环境风险防控与应急措施分析

突发环境事件后果及防控应急措施分析

环境风险管控

管控要求

风险监控

风险降级或销项

环境风险管控

基本情况

风险源平面示意图

风险描述

防控措施

应急预案

附件

环境风险管控手册编制模板

企业环保违法风险识别

建设项目环保审批风险

建设项目环保验收风险

排污申报风险

无证排污风险

排污口规范管理风险

超标、超总量排放污染物风险

未经处理排放污染物风险

私设暗管排放污染物风险

其他规避监管方式排放水污染物风险

挥发性有机物污染风险

危险废物管理风险

污染物自动监控设备运营管理风险

伪造篡改环保监测数据风险

拒绝环保检查风险

第一节　突发环境事件后果及防控应急措施分析

一　突发环境事件情景分析

（一）同类企业突发环境事件案例

1. 案例一：汽油泄漏流入下水道，大量居民连夜撤出

事故经过：

2002年4月18日0时10分，某加油站突现险情，一辆装有25t汽油的大型油罐车在接驳卸油时，数吨90号汽油从出油口喷泻而出，瞬时间铺满整个加油站及附近马路，加油站工作人员搬运沙子围在油车周围，阻拦油龙的蔓延，虽然地面已经铺撒沙子，但不少汽油冲过沙子通过加油站下水道向市政公用下水道排放。消防队赶到现场后，立即对加油站地面喷射大量泡沫灭火剂，并对泄漏的汽油做稀释处理。同时从油库调集来大量化油剂投撒到地面和下水道中，借以降低泄漏带来的危害。从0时20分起，周边大量居民相继撤出。截至凌晨4时30分，现场险情暂告缓解，空气中汽油的味道也已经挥发殆尽。次日下午，油罐车已经驶出加油站，地上的漏油已经得到了清洗，加油站暂停营业。据市政部门介绍，通过播撒化油剂，打开沿线井盖进行监测，同时对下游通往污水处理厂的一号泵站停机检查，已经消除了安全隐患。

事故原因：

（1）执行规章制度不严，违章作业，人员擅自离岗，现场作业长时间失控；

（2）工作人员业务素质差，没有立即采取有效的应急措施控制现场，处置失误，以致小事酿成大事故。

2. 案例二：成品油管道断裂，油品泄漏至农田

事故经过：

2013年9月3日17时22分，位于G省境内的某管道P站外管道突现险情，管道公

司发现SCADA画面显示P站进站压力在5s内由1.298MPa降为"0"，P站值班人员现场确认进站压力降至"0"，初步怀疑Q县至P县段外管道发生油品泄漏；17时30分，P站接到当地村民报告，外管道QP069+200m位置因山体滑坡导致管道断裂，出现大量油品泄漏。管线完全断裂长度有220m左右，土石塌方量有$41\times10^4m^3$左右。滑坡的土石方将山下的小河沟堵住（小河上游水源主要来自地表汇集的雨水），积累的雨水和河水淹掉了部分玉米地、树木（水面仍露出部分高度），在山脚形成了一个水深平均3~4m，水面面积近$3\times10^4m^2$水塘，水塘与山顶落差有近60m。泄漏的油品盖住了水塘，油层厚度最高约30mm，水面油品量约470m^3。

事故原因：

（1）P县9月2日夜间降暴雨、9月3日白天降中雨，局部降雨量高达116mm，造成距管道25m处正在施工的快速通道发生滑坡。

（2）快速通道施工单位未按设计要求和标准规范进行施工，施工质量差，造成施工道路在雨水的冲刷下发生滑坡。

（3）外管道管理人员风险意识不强，危害识别能力低，危害预判专业知识不足。事故教训吸取、防范措施落实不到位。

（二）生产工艺突发环境事件情景举例

1. 加油站

1）卸油过程

（1）加油站在接驳卸油时，如果计量出错或操作失误，都会导致油品大量泄漏；如果没有立即采取有效的应急措施控制现场，将会导致油品大量泄漏，对进入土壤、河流，对水质和水生生物造成影响。

（2）汽油属于甲B类易燃液体、柴油属于丙A类可燃液体，汽油蒸气与空气的混合气体遇到明火、高热容易发生燃烧和爆炸，柴油遇明火、高热或与氧化剂接触有引起燃烧爆炸的危险。在卸油过程中，加油站若未采用油气回收系统，不可避免会有一定的油气泄漏，若现场存在点火源如明火、电气火花、静电、雷击、高温红热物体等，将会造成泄漏的油气与空气混和物发生火灾爆炸，灭火产生的消防废水将会流入土壤和河流，对环境造成影响；汽油或柴油燃烧不完全产生的CO将会进入大气，对本站人员及周围居民造成影响。

（3）卸油前未采取有效措施导出静电，若卸油流速较大，则可能会与管路摩擦产生较强的静电，且未采取导除静电措施，当达到放电强度时，将会直接引燃油品，若达到爆炸极限将造成灾难性的火灾爆炸事件，从而导致次生消防废水和一氧化碳气体的产生。

2）加油过程

（1）在加油过程中，若不采用油气回收系统，挥发的油气将会对周围大气环境产生影响。

（2）如果操作不当，可能导致油品泄漏，污染周边环境。

2. 油库

1）收油过程

（1）油库在接卸油时，往往通过管道、码头、铁路或公路，如果计量出错或操作失误，都会导致油品大量泄漏；如没有立即采取有效的应急措施控制现场，将会导致油品大量泄漏，进入土壤、河流，对水质和水生生物造成影响。

（2）汽油属于甲B类易燃液体、柴油属于丙A类可燃液体，汽油蒸气与空气的混合气体遇到明火、高热容易发生燃烧和爆炸，柴油遇明火、高热或与氧化剂接触有引起燃烧爆炸的危险。

2）发油过程

（1）存在工作人员误操作导致泄漏的风险，没有立即采取有效的应急措施控制现场，将会导致油品大量泄漏，进入土壤、河流，对水质和水生生物造成影响。

（2）若不采用油气回收系统，挥发的油气将会对周围大气环境产生影响。

3）储存过程

在储存过程中，油罐罐体、附件、进出口阀门及法兰等如出现故障易导致油品泄漏，存在日常管理维护不当的泄漏风险。

3. 管道

（1）当工艺条线与设计不符时，管道会出现超温超压运行，易导致管道或附属设施破损，有油品泄漏风险。

（2）管道未安装泄漏监测系统，未开展必要的检验、检测工作。工作人员没有及时发现和处置突发事件，导致泄漏进一步扩大，污染周边环境。

（3）汽油属于甲B类易燃液体、柴油属于丙A类可燃液体，汽油蒸气与空气的混合气体遇到明火、高热容易发生燃烧和爆炸，柴油遇明火、高热或与氧化剂接触有引起燃烧爆炸的危险。

（三）生产装置、设备突发环境事件情景分析

1. 加油站

（1）油罐等设备本身设计不合格，或制造存在缺陷，造成其耐压力不够，发生破裂，导致油品泄漏；油罐未按要求进行防腐处理，未采用双层罐或防渗池，在运行过程中，由于罐体腐蚀导致油品泄漏，泄漏的油品挥发产生的废气将会对周围大气环境产生影响，泄漏的油品将对土壤和地下水的造成污染。

（2）油罐与外部管线相连的阀门、法兰、人孔等，若由于安装质量差、密封不严、使用过程中的腐蚀穿孔，或因油罐底板焊接不良而产生疲劳造成的裂纹等，都可能引起油品泄漏。

（3）在储存过程中，未安装高液位报警，若油罐内油品充装过满，在高温季节时，油罐很容易因油品体积膨胀而破裂受损使油品溢出。当油品发生大量泄漏时，泄漏的油品液体将可能顺地势向低处流淌。

（4）在储存过程中，由于密封不好或失效以及管路渗漏等原因，造成部分油品挥发而形成油蒸气污染周围大气环境。

2. 油库

（1）油罐及附属设施、工艺管道本身设计不合格，或制造存在缺陷，发生破裂，导致油品泄漏；油罐未按要求进行防腐处理，在运行过程中，由于罐体腐蚀导致油品泄漏，泄漏的油品挥发产生的废气将会对周围大气环境产生影响。

（2）油罐与外部管线相连的阀门、法兰、人孔等，若由于安装质量差、漏装垫片，以及使用过程中的腐蚀穿孔或因油罐底板焊接不良而产生疲劳造成的裂纹等，都可能引起油品泄漏。

（3）在储存过程中，由于密封不好或失效以及管路渗漏等原因，造成部分油品挥发而形成油蒸气污染周围大气环境。

（4）油库内的设备日常检测开展不到位，加之维护保养不到位，导致泄漏。

3. 管道

（1）管道输油站设备日常检测开展不到位，加之维护保养不到位，导致泄漏。

（2）长输管道受杂散电流、防腐层破损等多因素影响，导致外管道破损，泄漏。

（3）长输管道焊缝存在缺陷，管道本体存在金属缺陷。敷设过程中未及时清理管沟碎石，导致管道长期受应力影响，均有可能导致管道破损泄漏。

（四）其他突发环境事件情景分析

其他突发环境事件可能出现以下情景：

（1）生产设施设备受地质灾害影响，导致油品泄漏；

（2）生产设施设备受恐怖活动袭击影响，导致油品泄漏；

（3）成品油管道受第三方施工或打孔偷盗油等犯罪分子破坏，导致油品泄漏。

二　释放环境风险物质的扩散途径、涉及环境风险防控与应急措施分析

以加油站为例，分析环境风险物质的扩散途径、涉及环境风险防控与应急措施，油库、长输管道对照该模式进行分析。

1. 释放环境风险物质的扩散途径分析

（1）发生火灾事件后，消防水进入雨水管网对水质造成影响。

（2）发生火灾事件时，柴油和汽油的不完全燃烧会产生一氧化碳，对站区和周边的群众和居民产生危害，污染大气环境。

（3）事故泄漏易造成柴油或汽油以液态形式无组织排放，若不能有效控制，则会通过站区雨水管网对生态环境产生危害。

（4）泄漏事件若不能及时处理，将会产生大量的非甲烷总烃，对站区和周边的群众和居民产生危害，污染大气环境。

（5）在加油、卸油过程中若油气回收装置故障，将会排放大量的非甲烷总烃，对站区和周边的人产生危害，污染大气环境。

2. 环境风险防控

1）总图布置和建筑安全防范

根据《汽车加油加气站设计与施工规范》并结合工程实际情况进行设计和施工，确保风险防范在设计标准上有保证。

2）罐区风险事件防范

（1）储油罐所有油罐均进行埋地设置，采用双层罐或防渗池；

（2）油罐外表面采用符合标准的防腐设计；

（3）油罐间距满足规范要求；

（4）油罐的各接合管均设在油罐的顶部；

（5）油罐的进油管向下伸至罐内距罐底0.2m处，出油管的底端设置底阀；

（6）各油罐均设渗漏检测功能、带有高液位报警功能的液位计，采用符合规定的溢油控制措施；

（7）油罐进行防雷、防静电设置；

（8）各油罐均采用独立的通气管，通气管高出地面4m，通气管管口安装阻火器。

（9）储油罐装设高液位自动监测系统，具有油罐渗漏的监测功能和高液位的警报功能，及时掌握油罐情况。发生泄漏达到一定浓度时，报警器进行预警，并启动应急预案。液体在发生泄漏时，当泄漏量小于0.8L/h时，液位自动监测系统报警器不进行预警；当泄漏量达到0.8L/h时，液位自动监测系统报警器警报喇叭和警报灯同时发生预警，部分重要信号再送入紧急关闭系统，便于单元设备停机或全站联锁停车。值班人员立即到报警地点进行排查，直到故障排除，有任何异常，由值班室向加油站应急指挥部报告。

3）卸油作业风险事件防范

（1）制定卸油作业规范，对员工进行培训，要求员工严格按照卸油作业规范卸油；

（2）卸油作业采用油气回收系统，将挥发出来的油气通过回气管返回罐车；

（3）卸油前做好罐车静电接地，停止加油作业；

4）加油作业风险事件防范

（1）制定加油作业规范，对员工进行培训，要求员工严格按照规范加油；

（2）加油作业过程采用油气回收系统，并定期进行检测；

（3）控制加油速度，避免大量静电积聚；

（4）加油胶管配备拉断截止阀，拉断导致大量泄漏；

（5）严格按照规程操作和管理油气回收设施，定期检查、维护并记录备查。

5）危险废物储存

（1）将危险废物的储存纳入到日常的安全管理中，定期或不定期的实施环境安全检查，对危险废物的包装容器是否存在腐蚀穿孔、密封不良、老化等进行重点检查。

（2）培训员工按制度进行操作，例如：杜绝员工野蛮操作、装卸撞击、摩擦导致包装破损等现象发生。

（3）针对危险废物的环境风险特征，预先准备充足相应的应急物资，例如防泄漏设施、防毒面具、消防器材等，以便实施应急处置。

（4）在雷雨天气时，加大频次对危险废物储存场所进行检查，防止雨水对储存场所进行冲刷造成环境事件的发生。

3. 应急措施

1）加油机跑油应急处理措施

（1）加油员应立即停止加油，关闭加油阀，切断加油机电源。

（2）暂停所有加油活动，其他加油员将加油车辆推离加油岛。现场站长或当班安全员负责疏散周围车辆和闲散人员，并指派一名加油员现场警戒。

（3）其他加油员用吸油毡、棉纱、拖把等进行必要的回收，严禁用铁制、塑料等易产生火花的器皿进行回收，回收后用沙土覆盖残留油面，待充分吸收残油后将沙土清除干净。

（4）地面油品处理干净后，现场班长宣布恢复加油作业。

（5）委托专业的环境检测单位，在加油站选点开展土壤和地下水检测对附近排水沟、市政管网水质进行观察和检测，对现场挥发油气浓度检测，如有异常，及时置换污染土壤。

2）罐车卸油冒罐的应急处理措施

（1）当罐车卸油冒罐时计量保管员及时关闭油罐车和储油罐阀门，切断总电源，停止营业，并向站长（或现场班长）汇报。

（2）必要时报告公安、消防部门，以便临时封堵附近的交通道路，站长（或现场班长）及时组织人员进行现场警戒，疏散站内人员，推出站内车辆，检查并消除附近的一切火源；制止其他车辆和人员进入加油站。

（3）在溢油处的上风向，布置消防器材。

（4）对现场已冒油品用沙土等围住，并进行必要的回收，禁止用铁制等易产生火花的器具作回收工具。回收后用沙土覆盖残留油品，待充分吸收残油后将沙土清除干净。

（5）给被油品溅泼的人员提供援助；通知毗邻单位或居民，注意危险。

（6）检查井内是否有残油，若有残油应及时清理干净，并检查其他可能产生危险的区域是否有隐患存在。

（7）计量确定跑、冒油损失数量，做好记录台账。

（8）检查确认无其他隐患后，方可恢复营业。

（9）现场站长根据跑油状况记录跑油数量，及时做好记录并逐级汇报。

（10）委托专业的环境检测单位，在加油站选点开展土壤和地下水检测对附近排水沟、市政管网水质进行观察和检测，对现场挥发油气浓度检测，如有异常，及时置换污染土壤。

第二节　环境风险管控

一　参考标准

在分析出环境风险情景、扩散途径、涉及环境风险防控与应急措施后，企业应将工作重点逐步移至管控上。中国石化针对风险管控工作要求专门制定有《中国石化突发环境事件风险管理办法》。

油品销售企业的环境风险管理主要参照了两个标准。一是《企业突发环境事件风险分级方法》（HJ 941—2018）。企业应参照该标准进行环境风险级别划分（分为一般环境风险、较大环境风险、重大环境风险）。同时还应参照该标准开展企业环境风险与识别、编制环境风险评估报告、报地方政府备案。二是《中国石化突发环境事件风险评估指南》，确定企业内部环境风险源级别，从低到高分为三级环境风险源、二级环境风险源、一级环境风险源。同时开展环境风险识别与评估、建立环境风险源台账、内容包括风险源描述、风险源级别、防控措施等，并实施管控工作。

二　环境风险管控要求

企业应结合环境风险源级别制定相应的管控方案，包括风险源情况（名称、描述、等级）、责任落实情况、工程措施、管理措施、应急资源等内容。

1. 风险源情况

风险源情况应严格按照风险源评估情况，详细描述风险源的基本信息，应包括建设日期、投产日期、最新改扩建日期，风险源的类型及储存风险物质的量，曾经发生过的极端天气和自然灾害情况，风险源周边环境适用的环境标准。

2. 责任落实情况

责任落实情况应包括该风险点的联系挂牌领导、具体管控和措施落实责任人。例如，企业领导班子应承包二级以上环境风险，承包期内应当实现风险降级或风险值降低。环境风险承包人应当及时审定风险管控方案和措施，听取、研究承包风险的管控情况，协调各种资源，确保风险消减与管控方案有效落实；定期组织现场专项检查，发现风险值增加的危害因素时，及时调整风险管控方案；各项管控措施落实到位后，应当及时组织评估、销项。具体管控和措施落实责任人要针对管控的措施组织落实。

3. 工程措施

工程措施应针对环境风险识别过程中的扣分项，落实隐患治理，企业应将突发环境事件隐患进行分类，制定隐患整改方案，落实隐患整改责任单位、责任人，并加强考核。在突发环境事件隐患整改完成前，企业应采取加强巡检、制定临时性措施等方式强化环境风险源监管。在突发环境事件隐患整改完成后，企业应对隐患所属风险源进行评估，划定环境风险等级，及时更新环境风险源清单。

4. 管理措施

管理措施应通过落实工作降低突发环境事件可能性和后果严重性，例如加大现场巡检力度、细化检查和现场维护标准；将环境风险防控措施落实情况纳入日常检查内容；定期开展环境风险教育和技能培训，使管理人员和操作人员掌握环境风险基本情况及防范、应急措施；环境风险应当编制专项应急预案并组织演练等。

5. 应急资源

应急资源部分应做好与企业环境应急预案的衔接，明确应急队伍（含本企业、联防队伍、社会力量、政府部门）、应急物资、应急预警、应急报告、应急响应程序、应急处置原则、应急处置的基本要求。

三　环境风险监控

企业应当对环境风险的基本信息、管控措施和管控责任人等进行公示。公示有多种方式，生产经营场所相对集中的单位可采用现场电子屏进行公示，例如油库。企业生产经营场所分散的单位可采用办公系统进行公示，例如加油站、管道。

企业应当将生产安全风险、环境管控措施纳入日常生产经营管理。例如建立管控台账，定期开展工作并记录，并将其纳入基层单位日常作业指导书中，在进行生产作业的同时关注、监控环境风险管控情况。

企业责任部门应按照环境风险清单的责任分工，做好操作规程等技术文件的修订和对相关设备设施或作业活动的检查监督。

企业责任部门应对环境风险管控措施应当制定实施进度计划，进行专项检查、挂牌督办和每月跟踪。风险管控责任人和措施落实责任人应当对照计划检查落实进度，确保达到年度管控目标。应当掌握环境风险管控进度和生产安全风险总值变化情况，及时组织降级、销项工作。

四　环境风险降级或销项

企业应每年制定风险总值降低的目标和计划，风险值降低情况要进行考核并公示。当环境风险达到降级或销项条件时，企业应当办理审批手续，及时降级或销项。工程施工和作业活动类风险的销项应当在施工和作业活动完成后。

当企业级管控的环境风险降级或销项时，企业应当进行专项评估，形成评估报告。报告应包括：风险基本情况、风险管控措施落实情况、剩余风险（安全风险）和评估结论等。

环境风险降级或销项后应当开展重新评估，有必要的应持续保持管控措施的有效运行。

第三节　环境风险管控手册编制模板

一　基本情况

（1）应介绍风险源的基本信息，例如一座油库的罐组、一座加油站、一座加气站、一座输油站、一段管道。

（2）应介绍风险源评估的基本情况，确定该风险源评估等级 Q、M、E 的取值。

二　风险源平面示意图

环境风险源的平面示意图，应明确标注罐组、加油站、输油管段等风险源在平面示意图中的位置。

三　风险描述

（1）自然环境概况（E），描述环境风险源地理位置及行政区划、环境及气候条件、环境敏感因素。

（2）环境风险管理基本情况（M），描述风险源安全及设备质量管理、环境风险防控措施等指标评估情况

（3）环境风险物质量（Q），描述风险源环境风险物质量计算和评估情况。

四　防控措施

首先明确风险防控目标，包括各个阶段任务完成的时限要求；风险责任人、责任部门，包括企业级、二级单位级、基层单位级。

1. 工程技术措施

企业应充分结合Q、M、E评估情况制定工程技术措施，切实消减风险源头，控制等级。

（1）Q值方面，可以通过技术改造，缩短码头和长输管道泄漏紧急切断响应时间，有效降低泄漏总量，实现Q值降低。

（2）M值方面，可以通过加强隐患整治、落实设备设施定检、加强防泄漏监测、规范设置紧急切断、规范污水处理排放、丰富应急物资配备等措施，实现M值降低。此处应有重点的针对在环境风险评估过程中的扣分项。

（3）E值方面，在地方政府强制要求下，可以通过油库、加油站搬迁，长输管道改线等方式，远离环境敏感区，实现E值降低。

2. 管理措施

应分别制定企业级、二级单位级和基层单位级管理措施，常规的管理措施包括定期检查、演练、加密巡护、远程监控、从严问题考核等方式，也可通过其他技术

手段加强管控，

3. 应急响应

应明确在突发事件应急状态下的预警、报告和处置程序，明确应急预案的制定主体，演练频次要求，应急物资的配备标准和盘点、维保等要求。

五　应急预案

企业应针对该风险点，制定专项应急预案。

六　附　件

附件应包括风险的应急通讯录、应急物资配备清单、应急报告和处置流程图、现场平面图。

第四节　企业环保违法风险识别

新修订实施的《中华人民共和国环境保护法》（以下简称《环境保护法》）明确指出，"企业事业单位和其他生产经营者应当防止、减少环境污染和生态破坏，对所造成的损害依法承担责任。"企业负责人应当落实环境保护主体责任，主动采取措施确保污染物达标排放，避免出现环境违法甚至环境污染犯罪行为。

自《环境保护法》修订并正式实施以来，各级环境监管部门始终保持执法高压态势，以高压执法促环保守法，每月各地都有一批典型违法案件被追究法律责任。在对违法企业采取按日连续处罚、查封、扣押相关设施设备、限制生产、停产整治等处罚措施的同时，根据法律规定，还对直接负责的主管人员和其他直接责任人员采取行政拘留等手段。

同时为进一步严惩违法排污破坏环境资源的犯罪行为，自2015年3月起，最高检组织全国检察机关开展为期两年的"破坏环境资源犯罪专项立案监督活动"，并对江苏靖江原侯河石油化工厂填埋疑似危险废物案件（即靖江9.11污染环境案）和广东省东莞市长安镇锦厦三洲水质净化有限公司环境违法案件进行现场督办。严惩违法排污、严厉司法打击将成为环境保护工作的新常态。

2016年1月4日，被称为"环保钦差"的中央环保督察组正式亮相，中央环保督察组由环保部牵头成立，中纪委、中组部的相关领导参加，代表党中央、国务院对各省（自治区、直辖市）党委和政府及其有关部门开展环境保护督察。2017年为改善京津冀及周边地区大气质量，生态环境保护部从全国抽调5600名环境执法人员，将对京津冀及周边传输通道"2+26"城市开展为期一年的大气污染防治强化督查。2018年10月29日，第二批中央生态环境保护督察"回头看"全面启动。期间发现的涉嫌违法违规的不仅有"散、乱、污"企业，也有新×制药、河×钢铁等著名的上市公司。鉴于上述环保立法、执法、司法背景，为防范企业环境违法民事、行政、刑事风险，现就企业环保事宜涉及的主要法律风险浅析如下。

一 建设项目环保审批风险

1. 风险点一

【风险提示】 建设项目环境影响评价文件未经批准，擅自开工建设风险。

【企业法定义务】 建设对环境有影响的项目，应当依法进行环境影响评价。未依法进行影响环境评价，不得组织实施；未依法进行环境评价的项目，不得开工建设；新建、扩建、改建项目或者技术改造项目，都必须严格执行国家和省有关建设项目环境影响评价制度和环境保护设施与主体工程同时设计、同时施工、同时投产使用的规定（《环境保护法》第19条）。

【法律责任】 建设单位未依法提交建设项目环境影响评价文件或者环境影响评价文件未经批准，擅自开工建设的，由负有环境保护监督管理职责的部门责令停止建设，处以罚款，并可以责令恢复原状（环保法61条）。

【典型案例】 P县某热电公司热电联产项目未批先建案。

2017年4月，P县环境监察大队执法人员在对某热电公司检查时，发现其东城供热中心热电联产项目一期工程未经环保部门审批，擅自开工建设，其行为违反了《中华人民共和国环境影响评价法》（以下简称《环境影响评价法》）第25条"建设项目的环境影响评价文件未依法经审批部门审查或者审查后未予批准的，建设单位不得开工建设"的规定。

根据《环境影响评价法》第31条第1款"建设单位未依法报批建设项目环境影响报告书、报告表，或者未依照本法第二十四条的规定重新报批或者报请重新审核环境影响报告书、报告表，擅自开工建设的，由县级以上环境保护行政主管部门责令停止建设，根据违法情节和危害后果，处建设项目总投资额百分之一以上百分之五以下的罚款，并可以责令恢复原状；对建设单位直接负责的主管人员和其他直接责任人员，依法给予行政处分"的规定，平邑县环保局对其下达了《责令改正违法行为决定书》，责令立即停止建设，处以罚款1122.186万元。目前该单位已停止建设，并自觉缴纳了罚款。

2. 风险点二

【风险提示】　建设项目环境未依法进行环境影响评价，被责令停止建设，拒不执行的行政处罚风险。

【企业法定义务】　建设对环境有影响的项目，应当依法进行环境影响评价。未依法进行影响环境评价，不得组织实施；未依法进行环境评价的项目，不得开工建设。

【法律责任】　责令改正或者限制生产、停产整治，并处10万元以上100万元以下的罚款；按日连续处罚；直接负责的主管人员和其他直接责任人员，处10日以上15日以下拘留；情节较轻的，处5日以上10日以下拘留（《环境保护法》63条）。

【典型案例】　L市某木业有限公司未经环评审批和环境保护"三同时"竣工验收擅自投入生产使用案。

2018年3月14日，L市环境保护局对该木业公司检查，发现该单位木地板生产线项目未经环评审批。项目于2016年8月建成，2017年10月正式投产，未按规定对配套建设的环境保护设施进行验收。

该企业违反《环境影响评价法》第25条及《建设项目环境保护管理条例》第19条之规定，浏阳市环境保护局依法立案。依据《环境影响评价法》第31条第2款及《建设项目环境保护管理条例》第23条第2款之规定，决定处罚款20万元，并对企业负责人柳某处罚款5万元。

二　建设项目环保验收风险

【风险点提示】　建设项目的污染防治设施未建成、未验收或验收不合格，主体工程即投入生产和使用的停产罚款风险。

【企业法定义务】 建设项目中防治污染的设施，应当与主体工程同时设计、同时施工、同时投产使用（环保法第41条）。

【法律责任】 责令停止生产或者使用，直至验收合格，处5万元以上50万元以下的罚款；责令停止生产或者使用，可以处10万元以下的罚款（《水污染防治法》第71条、《建设项目环境保护管理条例》第28条）。

三 排污申报风险

【风险点提示】 未按照规定办理排污申报手续或变更申报手续的，限期整改和行政罚款风险。

【企业法定义务】 排污者应当定期向环保部门申报在正常作业条件下排放污染物的种类、数量、浓度和方式，污染物防治设施运行情况，不得谎报、漏报、迟报或拒报。建设单位应当按照规定在建设项目施工前办理排污申报手续。建设项目需要试生产的，也应当按照规定在试生产前办理试生产排污申报手续（《环境保护法》第45条、《大气污染防治法》第19条、《水污染防治法》第20条、《固体废物污染环境防治法》第32条、《环境噪声污染防治法》第24条等）。

排污单位必须按照法律法规和环境保护部门规定的时间进行排污申报登记。排污情况没有变化的，可以定期申报登记；排污情况如有重大变化，应当按规定提前进行申报或事后及时申报。排污单位在进行排污申报登记时，所报内容必须真实，不得瞒报或谎报，更不得拒报。申报登记污染物的种类，按照国家有关规定以及地方环境保护部门根据本地区的情况确定，主要包括大气污染物、水污染物、固体废物、噪声源等。

【法律责任】 未按照规定办理排污申报手续或变更申报手续，责令停止违法行为，限期整改；责任限期整改，逾期不整改的，根据相关规定行政罚款。

四 无证排污风险

【风险点提示】 未依法取得排污许可证排放污染物、拒不执行污染物排放责令整改要求、不按照排污许可证要求排放污染物的停业、罚款、主要责任人员行政拘留等行政处罚风险。

【企业法定义务】 依法申领排污许可证，并按许可证要求排放污染物。

【法律责任】 责令改正或者限制生产、停产整治，并处10万元以上100万元以下的罚款；情节严重的，报经有批准权的人民政府批准，责令停业、关闭（大气污染防治法第99条）；对其直接负责的主管人员和其他直接责任人员，处10日以上15日以下拘留；情节较轻的，处五日以上十日以下拘留（《环境保护法》第63条）。

【典型案例】 F市S区C镇某五金喷涂厂无证排污案。

环保部门对F市S区C镇某五金喷涂厂进行检查，该厂有办理环评审批，检查中发现该厂虽然配套了废水、废气处理设施，但未取得排污许可证，擅自排放废水和废气污染物。环保部门根据《广东省环境保护条例》第四十三条第二款对该厂作出行政处罚决定：责令其立即停止排放污染物，罚款50000元。环保部门在环境后督察中发现，该厂继续生产和排放污染物，但仍未取得排污许可证。环保部门对该厂送《责令改正（停止）违法行为决定书》，责令立即停止排放污染物。环保部门再次对该厂进行检查，该厂喷涂生产线、烧柴烘炉、酸洗车间均正常生产，现场向执法人员出示了申办排污许可证回执，但仍未拿到许可。环保部门依法移送公安机关对相关责任人员处以行政拘留。公安机关对美标五金喷涂厂负责生产管理的经理处行政拘留5天的行政处罚。

五　排污口规范管理风险

【风险点提示】 排污口设置不规范的行政罚款、停产整顿风险。

【企业法定义务】 严禁违法设置排污口。规范设置和管理排污口，并按照规定在排污口规范安装标志牌［排污口规范化整治技术要求（试行）］。

【法律责任】 违反法律、行政法规和国务院环境保护主管部门的规定设置排污口或者私设暗管的，由县级以上地方人民政府环境保护主管部门责令限期拆除，处2万元以上10万元以下的罚款；逾期不拆除的，强制拆除，所需费用由违法者承担，处10万元以上50万元以下的罚款；私设暗管或者有其他严重情节的，县级以上地方人民政府环境保护主管部门可以提请县级以上地方人民政府责令停产整顿。

六　超标、超总量排放污染物风险

【风险点提示】 超标或超总量排放水污染物、大气污染物、超标或超总量排污被责令整改拒不改正的罚款、限制生产、停产整顿等行政处罚风险；非法排放重金属等污染物三倍以上的刑事责任风险。

【企业法定义务】 执行国家和地方污染物排放标准，遵守分解到本单位的重点污染物排放总量控制指标（《环境保护法》第44条）。

【法律责任】 企业事业单位和其他生产经营者超过污染物排放标准或者超过重点污染物排放总量控制指标排放污染物的，县级以上人民政府环境保护主管部门责令改正或者限制生产、停产整治，并处10万元以上100万元以下的罚款；情节严重的，报经有批准权的人民政府批准，责令停业、关闭。超标或超总量排污，被责令整改，拒不整改的，按日连续处罚。（《环境保护法》第59、第60条，《水污染防治法》第74条，《大气污染防治法》第99条）。违反环保法规定，构成犯罪的，依法追究刑事责任（环保法第69条、关于办理环境污染刑事案件适用法律若干问题的解释）。

【典型案例】 L市某造纸企业超标排污案。

2018年3月8日，L市环境保护局执法人员对辖区内某造纸企业执法检查，现场对废水总排口外排废水取样。检测结果显示化学需氧量、悬浮物均超标。

该单位违反《水污染防治法》第十条之规定，浏阳市环境保护局依法立案。依据《水污染防治法》第83条第2项之规定，责令立即停止并改正环境违法行为，处罚款10万元。

七　未经处理排放污染物风险

【风险点提示】 部分或全部污染物不经过处理设施直接排放；非紧急情况下开启处理设施应急排放阀门，将部分或全部污染物直接排放；将未经处理的污染物从处理设施中间工序引出直接排放；在生产过程中停止运行污染物处理设施；违反操作规程使用处理设施，致使其不能正常发挥作用；处理设施发生故障后不及时或不按规程进行检查维修，致使其不能正常发挥作用。

【企业法定义务】 防治污染的设施应当符合经批准的环境影响评价文件的要求，不得擅自拆除或者闲置（环保法41条）。防治设施的管理应当纳入生产管理和设备管理体系，保障防治设施的正常运行。防治设施应当与产生污染物相应的生产和其他活动的设施同时运行、同时维护保养。

【法律责任】 通过暗管、渗井、渗坑、灌注或者篡改、伪造监测数据，或者不正常运行防治污染设施等逃避监管的方式违法排放污染物的。由县级以上人民政府环境保护主管部门或者其他有关部门将案件移送公安机关，对其直接负责的主管人员和其他直接责任人员，处10日以上15日以下拘留；情节较轻的，处5日以上10日以下拘留（《环境保护法》第63条）。

八　私设暗管排放污染物风险

【风险点提示】 私设暗管排放水污染物。

【企业法定义务】 禁止私设暗管排放水污染物。

【法律责任】 责令限期拆除，处2万元以上10万元以下的罚款；逾期不拆除的，强制拆除，所需费用由违法者承担，处10万元以上50万元以下的罚款；私设暗管或者有其他严重情节的，责令停产整顿（水污染防治法第75条）。直接负责的主管人员和其他直接责任人员，处10日以上15日以下拘留；情节较轻的，处5日以上10日以下拘留（《环境保护法》第63条）。

【典型案例】 某餐具消毒企业暗管偷排案。

2018年4月10日，环境保护局执法人员日常检查中发现某餐具消毒企业工作人员龙某采用临时软管连接污水处理设备污泥罐排放口，并利用电机将污泥罐内的淤泥残渣抽至污水处理设施总排口直接排放。第三方对该单位厂外生产废水总排口、场内生产废水总排口的采样检测显示化学需氧量均超标。

该单位上述行为违反《环境保护法》第42条第4款及《水污染防治法》第39条之规定，雨花区环境保护局依法立案。依据《水污染防治法》第83条第3项之规定，处罚款20万元；该单位员工龙某因涉嫌以私设暗管逃避监管的方式排放水污染物，已将其移送雨花区公安分局行政拘留。

九　其他规避监管方式排放水污染物风险

【风险点提示】 将废水进行稀释后排放；将废水通过槽车、储水罐等运输工具或容器转移出厂、非法倾倒；在雨污管道分离后利用雨水管道排放废水；其他擅自改变污水处理方式，不经法定排放口排放废水等规避监管的行为。

【企业法定义务】　不得采取其他规避监管的方式排放水污染物。

【法律责任】　查封、扣押排污设施设备（环境保护主管部门实施查封、扣押办法第4.4条）。直接负责的主管人员和其他直接责任人员，处10日以上15日以下拘留；情节较轻的，处5日以上10日以下拘留（《环境保护法》第63条）。

十　挥发性有机物污染风险

【风险点提示】　未按照规定安装、使用污染防治设施，或者未采取减少废气排放措施的风险。油库、加油站未安装油气回收装置运行，或装置运行不正常依然经营。

【企业法定义务】　产生含挥发性有机物废气的生产和服务活动，应当在密闭空间或者设备中进行，并按照规定安装、使用污染防治设施；无法密闭的，应当采取措施减少废气排放。

【法律责任】　责令改正，处2万元以上20万元以下的罚款；拒不改正的，责令停产整治（《大气污染防治法》第108条）。

十一　危险废物管理风险

【风险点提示】　不设置危险废物识别标志；不按照国家规定申报危险废物，或者在申报登记时弄虚作假，将危险废物混入非危险废物中储存；未采取相应防范措施，造成危险废物扬散、流失、渗漏或者造成其他环境污染的；在运输过程中沿途丢弃、遗撒危险废物的；将危险废物提供或者委托给无经营许可证的单位从事经营活动的；不按照国家规定填写危险废物转移联单或者未经批准擅自转移危险废物的；非法排放、倾倒、处置危险废物。

【企业法定义务】　必须采取防扬散、防流失、防渗漏或者其他防止固体废物污染环境的措施；不得擅自倾倒、堆放、丢弃、遗撒固体废物；产生工业固体废物的单位必须向环保部门提供工业固体废物的种类、产生量、流向、储存、处置等有关资料，申报事项有重大改变的，应当及时申报；对危险废物的容器和包装物以及收集、储存、运输、处置危险废物的设施、场所，必须设置危险废物识别标志；按照国家有关规定制定危险废物管理计划，并向环保部门申报危险废物的种类、产生量、流向、储存、处置等有关资料（《固体废物污染环境防治法》第17、第32、第52、第53条）。

【法律责任】 根据相关法律规定进行相应行政罚款，限期缴纳，逾期不缴纳的，处应缴纳危险废物排污费金额一倍以上3倍以下的罚款（《固体废物污染环境防治法》第75条）。非法排放、倾倒、处置危险废物三吨或以上的，处3年以下有期徒刑或者拘役，并处或者单处罚金；后果特别严重的，处3年以上7年以下有期徒刑，并处罚金（最高人民法院、最高人民检察院关于办理环境污染刑事案件适用法律若干问题的解释）。

【典型案例】 某五金制造有限公司倾倒有毒含酚废水案

2017年2月6日，县环保局执法人员在对某制造有限公司执法检查时发现，其煤气发生炉循环用水池中近70吨废水被该公司员工通过水泵抽到该公司厂房前空地处倾倒，废水渗漏到厂房后的小溪中。经监测，排放废水中苯酚和挥发酚均已超标。环保部门立即责令该公司停止违法行为，消除污染，并予以立案查处。同时，该排放废水属于《国家危险废物名录》中的危险废物，县环保局于2017年2月15日依法将该案移送公安机关追究刑事责任。

十二 污染物自动监控设备运营管理风险

【风险点提示】 未安装使用大气污染物排放自动监测设备（油气回收）；未安装使用污水排放自动监测设备（在线监测）。未与环保部门监控设备联网的风险。

【企业法定义务】 重点排污单位应当安装、使用大气污染物排放自动监测设备，与环境保护主管部门的监控设备联网。（《大气污染防治法》第24条、《水污染防治法》第23条）。

【法律责任】 责令限期改正；逾期不改正的，处1万元以上10万元以下的罚款（水污染防治法72条）。责令改正，处2万元以上20万元以下的罚款；拒不改正的，责令停产整治（大气污染防治法100条）。

【典型案例】 某纺织品有限公司污染源自动监控数据弄虚作假案。

2016年3月，Z省S市S区环保局发现某纺织品有限公司外排废水在线监控数据异常，通过一个月的数据分析，2016年4月5日14时40分，S区环保局执法人员对该公司污水处理设施现场检查，发现排放池中间建有挡墙，自动监控设备采样口外套贮水桶，该贮水桶内有管道直接通往排放池附近5米处的自来水管，执法人员立即现场拍照取证，制作现场勘查笔录。经调查，该公司污水站班长魏某，为躲避自动监控系统监管，擅自对自动监控系统取样口进行改造，加装取样桶，并直接用一根黄色软管注入自来水，致使自动监控设备采集到的样品经过稀释，监测数据严重失实。该企业行为违反了《环境保护法》第63条规定。S区环保局责令该单位立即改正上述违法行为，并处罚款人民币10万元。S区公安局针对该单位涉嫌伪造监测数据逃避监管，依据《环境保护法》第63条、《行政主管部门移送适用行政拘留环境违法案件暂行办法》中第6条第3项、《行政处罚法》等相关规定，依法行政拘留1人。

十三 伪造篡改环保监测数据风险

【风险点提示】 对污染源监控系统进行删除、修改、增加、干扰，或者对污染源监控系统中存储、处理、传输的数据和应用程序进行删除、修改、增加，造成污染源监控系统不能正常运行的；破坏、损毁监控仪器站房、通讯线路、信息采集传输设备、视频设备、电力设备、空调、风机、采样泵及其它监控设施的，以及破坏、损毁监控设施采样管线，破坏、损毁监控仪器、仪表的;稀释排放的污染物故意干扰监测数据的风险。

【企业法定义务】 不得伪造篡改环保监测数据。

【法律责任】 责令改正或者限制生产、停产整治，并处10万元以上100万元以下的罚款；情节严重的，报经有批准权的人民政府批准，责令停业、关闭（《大气污染防治法》第99条）。直接负责的主管人员和其他直接责任人员，处10以上15日以下拘留；情节较轻的，处5以上10日以下拘留（《环境保护法》第63条）。被责令改正，拒不改正的，按日连续处罚（《环境保护主管部门实施按日连续处罚办法》第5条）。

【典型案例】 X省某发电公司涉嫌篡改伪造2×135MW发电项目烟气在线监测数据案。

2018年7月25日，X省环境监察总队组织人员赶赴T市T县，与属地环保局联合开展调查。现场调查时，该公司2号机组正常运行，1号机组于2018年7月4日停机至今。烟气自动监控系统（简称CEMS）1号、2号净烟气在线监测设施正常运行。检查人员通过调阅该公司CEMS在线监测设施历史数据，检查净烟气采样平台设施发现1号净烟气在线监测设施的流速计零点漂移值远超过误差±3%标准要求，偏差已超过−15%，已无法正常监测烟气流速；在1号、2号机组正常运行的情况下，1号净烟气在线监测设施2018年5月14日17～18时、5月14日19时至5月15日02时（8h）、5月15日12时至19时（7h），共15h，人为将在线监测数据处于保持状态；2018年5月13日至5月16日，1号、2号净烟气在线监测设施二氧化硫、氮氧化物、氧含量三项参数浓度大小及变化趋势基本一致，而此时段，2号净烟气在线监测设施湿度数据为10%左右，1号净烟气在线监测设施湿度数据为1%左右（说明此时1号净烟气在线监测设施监测的不是1号烟道中的净烟气），该发电公司涉嫌篡改或者伪造监测数据。

依据《中华人民共和国大气污染防治法》百条第三项和第九十九条第三项规定：共处罚款人民币壹佰贰拾万元整。2018年8月10日，T县公安局对该公司分公司经理杜某、环保设施维修检测副总经理王某和一名检修员实施刑事拘留，2018年10月31日，T县公安局将该案件移交县检察院。

十四　拒绝环保检查风险

【风险点提示】　拒绝、阻碍环保部门的行政执法人员的执法检查。

【企业法定义务】　主动配合环保部门的现场检查，如实反映情况，提供必要的资料。

【法律责任】　责令改正，处1万元以上10万元以下的罚款（《水污染防治法》第70条）。责令改正，处2万元以上20万元以下的罚款；构成违反治安管理行为的，由公安机关依法予以处罚（《大气污染法》第98条）。以暴力、威胁方法阻碍国家机关工作人员依法执行职务的，处3年以下有期徒刑、拘役（《刑法》妨碍公务罪）。

思考题

1. 环境风险防控措施应从哪些方面制定？

2. 请简述油库生产工艺异常导致的环境污染情景有哪些。

第四章

环保隐患
排查治理

　　随着经济列车的不断加速，我国进入了环境高风险时期，各种环境污染事件层出不穷。尤其是近十年，环境污染事件的发展规模、损害后果、污染类型等都日趋扩大。为了确保环境安全，防范环境风险，国家加大对环境污染治理力度，迫使企业承担起相应的环境安全责任，在经济形势低迷、企业效益不好的情况下，充分利用好现有技术和设施，采用严格细致的管理方法，利用好环境隐患排查这一手段，将环境风险消灭在萌芽状态，防患于未然，不失为一个投资少、见效快的好方法。

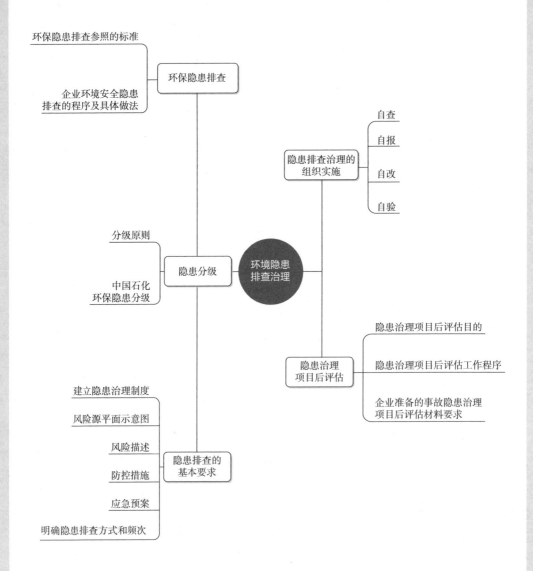

环保隐患排查参照的标准

企业环境安全隐患
排查的程序及具体做法

环保隐患排查

自查
自报
自改
自验

隐患排查治理的
组织实施

分级原则

中国石化
环保隐患分级

隐患分级

环境隐患
排查治理

隐患治理项目后评估目的

隐患治理项目后评估工作程序

企业准备的事故隐患治理
项目后评估材料要求

隐患治理
项目后评估

建立隐患治理制度
风险源平面示意图
风险描述
防控措施
应急预案
明确隐患排查方式和频次

隐患排查的
基本要求

近年来，随着国家环保法律、法规日益严格，国家对企业的环保要求越来越严。随着生活水平的提高，人民群众的环保意识提高，对生存环境要求很高，对蓝天碧水需求越来越高，对恶劣环境的容忍度越来越低。

第一节 环保隐患排查

一 标准规范

环保隐患排查参照的标准、技术规范、文件包括但不限于以下：

《危险废物储存污染控制标准》（GB 18597）；

《石油化工企业设计防火规范》（GB 50160）；

《化工建设项目环境保护设计规范》（GB 50483）；

《石油储备库设计规范》（GB 50737）；

《石油化工污水处理设计规范》（GB 50747）；

《石油化工企业给水排水系统设计规范》（SH 3015）；

《石油化工企业环境保护设计规范》（SH 3024）；

《企业突发环境事件风险评估指南（试行）》（环办〔2014〕34号）；

《建设项目环境风险评价技术导则》（HJ/T 169）；

《汽车加油加气站设计与施工规范》（GB 50156）；

《石油库设计规范》（GB 50074）。

二 程序及具体做法

环保隐患排查应通过全员排查、专项排查、外部检查3种途径，并结合企业确定的环保隐患治理重点方向，开展排查工作。从环境应急管理和突发环境事件风险防控措施两大方面排查可能直接导致或次生突发环境事件的隐患。

1. 环境安全隐患排查的流程

（1）确定排查的范围以及区域；

（2）确定排查实施的组织机构；

（3）成立由各职能部室专业人员、环保管理人员组成的排查小组，并明确各自分工；

（4）调查企业的基本情况、周边环境敏感目标的分布情况，以及环境污染事故危险源及其防控设施的建设情况；

（5）依据国家、省、市相关标准编制环境隐患排查所需的检查表；

（6）通过查阅资料、现场调查、询问交谈、环境监测等方式进行企业环境隐患的现场排查。

（7）对于排查出的隐患进行风险辨识。

（8）根据辨识排查的结果对环境隐患进行分级；

（9）编制环境隐患排查报告，提出整改措施；

（10）企业根据环境隐患调查报告对环境隐患进行整改，并提交整改报告。

2. 环境隐患排查的重点内容

1）企业基本情况调查（8项）

（1）企业单位名称、法人、法人代码、详细地址、邮政编码；企业经济性质、隶属关系、企业规模，或事业单位隶属关系；职工人数等。

（2）企业地理位置（经纬度）、详细位置图、所处地形地貌、厂址的特殊状况（如上坡地、河流的岸边），企业所在地的气候（气象）特征，降雨量及暴雨期等。

（3）企业经营类别（即说明从事本行业的具体活动，如生产、储存、经营或运输）；对从事其他活动的应说明其所涉及危险物质范围及处理量。

（4）企业生产工艺流程说明，主要生产和储存装置，生产装置及储存设备的平面布置图，雨水、清净下水和污水收集、排放管网图，应急设施（设备）的平面布置图等。

（5）企业排放污染物的名称、产生量；经污染治理设施处理后的排放量；污染治理工艺流程说明及主要设备、构筑物说明，其他环境保护措施等。

（6）企业危险废物的产生量，储存、转移、处置情况，危险废物处置单位名称、地址、联系方式、资质。

（7）企业危险物质及危险废物的运输（输送）单位、运输方式、运输量；如利用管道输送液体或气态危险物质的，管道管理单位须明确输送量、输送线路图，阀门和加（减）压站的位置，及安全保护措施情况。

（8）对从事运输活动的企业须明确运输路线、"跑、冒、滴、漏"的防护措施等。

2）企业周边环境状况及环境保护目标调查（6项）

（1）企业周边区域100m、200m、500m、1000m、3000m、5000m等范围内常住人数；居民点（区）、自然村、学校、机关等社会关注区的名称、联系方式、人数；周边企业（或事业）单位的基本情况；上述各保护目标与本单位的距离和方位图。

（2）企业污水排放的去向，接纳水体（包括支流和干流）情况及执行的环境标准；区域地下水（或海水）执行的环境标准；区域空气执行的环境标准。

（3）企业下游水体及下风向空气质量功能区说明；河流、湖泊、水库、海洋名称、所属水系、饮用水源保护区的情况。

（4）企业下游供水设施服务区、设计规模及日供水量；取水口名称、地点及距离、地理位置（经纬度）等；地下水取水情况。

（5）企业周边区域道路情况及距离，交通干线流量等。

（6）企业（特别是从事运输活动的单位）危险物质和危险废物运输（输送）路线中的环境保护目标说明。

3）企业环境污染事故危险源调查（10项）

（1）从企业经营产品中筛选出危险物质（特别是危害程度较大的危险化学品），并列出危险物质明细表。

（2）识别出企业存在的重大环境污染事故危险源，并列出环境污染事故危险源一览表。重大环境污染事故危险源在泄漏、燃烧、爆炸等事故状态下可能产生的环境污染事故类别、产生的污染物种类、最大排放量及浓度；说明事故发生与处理过程中可能伴生/次生污染物。

（3）重大环境污染事故危险源的自动监控系统和预警系统设置情况、针对各种类别环境污染事故的防范设施设置情况、环境污染事故发生时的应急处理设备设施设置情况、以及应急处理情况。

（4）根据污染物可能波及范围和环境保护目标的距离，预测对诸如饮用水源保护区、自然保护区、重要渔业水源和珍稀水生生物栖息地等区域，以及人口集中居住区和社会关注区（如学校、医院等）等环境保护目标的影响。

（5）环境污染事故产生污染物造成跨界（省、市、县等）环境影响的说明。

（6）环境污染事故可能产生的各类污染物对人、动植物等危害性说明。

（7）环境污染事故产生污染物相关环境安全标准、限值、最高允许浓度。

（8）特别是针对专门从事运输活动的单位，运输（输送）过程中环境污染事故对环境保护目标的影响。

（9）污染治理设施事故状态下，排放污染物的种类、数量与浓度，及其监控、预警系统设置和事故应急处理设施设置情况。

（10）企业依据标准进行环境污染事故应急预案的编制、评审、实施情况。

4）企业环境安全手续及符合性隐患排查（4项）

（1）企业各项目环境影响评价批复、设立安全评价批复、职业危害预评价批复、发改委（或经贸委）项目批文、规划部门的建设项目规划许可证和选址意见书等文件的完备性。

（2）企业各项目初步设计评审记录、消防设计审核意见、安全设施设计审查意见、职业防护设施设计审查意见等审查意见的完备性；注意上述文件中关于环保初步设计是否满足环评批复要求、与环境风险事故危险源相关的消防和安全设施设计是否能满足防火防爆和其它生产安全等要求的审查意见，以及文件中要求作进一步修改的意见。

（3）企业各项目安全试生产许可、环保试生产许可、消防竣工验收报告等文件的完备性；注意上述文件中对初步设计审核与修改意见等内容落实情况的意见。

（4）企业各项目安全竣工验收批复与安全生产许可证、环保竣工验收批复与排污许可证等文件的完备性。

5）企业运行管理过程环境隐患排查（18项）

（1）企业据国家法律法规、并结合单位实际，组织制定的文件化的环境安全方针和目标。

（2）企业环境安全管理机构设置情况。

（3）企业是否制定环境安全责任制，作出明确的、公开的、文件化的环境安全承诺。

（4）企业单位主要负责人、各职能部门负责人、环境污染事故危险源相关岗位负责人与从业人员环境安全职责是否明确。

（5）企业环境安全有关法规政策和环境监管制度的落实情况，包括环境安全检查制度、职工环境安全教育培训制度、环境安全事故管理和整改制度、环境安全生产档案管理制度、环境安全及监管的奖惩制度等。

（6）企业主要负责人、环境安全管理人员、职能部门负责人、专业工程技术人员、从业人员的环境安全培训教育情况；日常环境安全教育情况。

（7）企业岗位操作人员是否经过岗位技术培训并合格上岗。

（8）企业巡回检查制度制定及执行情况。

（9）企业环境污染事故易发场所（或设备、设施）工作人员的执业资格、职业健康监护等的检查与登记在册情况。

（10）企业环境污染事故危险源相关岗位职工作业环境，包括照明、温度、湿度、通风、作业空间等是否符合作业要求。

（11）企业相关方及外来务工人员的环境安全生产责任和义务是否明确；是否对外来务工人员进行环境安全培训。

（12）企业环境污染事故危险源的建档、监控、监测情况；环境污染事故危险源安全检查书面报告制度。

（13）企业根据生产工艺、技术、设备特点和原材料、辅助材料、产品的危险性，编制的环境污染事故危险源相关岗位安全操作规程情况，能否达到规范从业人员的操作行为、以及在装置发生异常情况时能控制环境风险，避免环境污染事故发生的目的。

（14）企业是否依据国家、当地政府的有关规定，建立环保投入保障制度；是否按要求提取并投入环境保护，同时形成台账；环保投入是否涵盖环保教育、"三废"处理和应急救援等设施的建设和维护保养，以及重大环境隐患排查治理、建立环境污染事故应急救援队伍和开展应急救援演练等所需的费用。

（15）企业环境保护、环境污染事故防范设施的管理和维护保养情况、环保通报的编写情况。

（16）企业环境污染事故危险源相关装置（设施）和场所安全管理制度和应急预案编制情况；应急预案演练情况；是否能确保相关岗位员工能够即时识别和处理各种不正常现象与事故。

（17）企业接受外部环保部门检查、外部专家检查及内部检查记录；环境隐患整改及复查情况；环保检查计划的制定、完成及考核情况；是否定期或不定期开展综合检查、专业检查、季节检查和日常检查。

（18）企业事故管理制度的制定与落实情况，作业过程中出现的事故隐患是否及时记录并限期进行整改，是否形成隐患整改记录。

6）设备设施维护检修过程环境隐患排查（7项）

（1）企业检维修管理制度的制定和落实情况。

（2）企业维修规程的制定和执行情况，包括设备检维修作业前、中、后的环境管理要求。

（3）检修、维修作业时，动火作业安全管理制度的建立和执行情况。

（4）企业进行检维修前编制检修方案，并对检维修作业进行环境风险分析和采取有效措施控制风险的制度及其落实情况。

（5）企业是否有专门的维修队伍；维修人员的资质和业务技能情况。

（6）企业对设备与机器检查和维修保养情况、对腐蚀严重或超期使用的设备和器件及时更新情况。

（7）检修过程中废弃物的处理情况。

7）环境污染事故防范过程环境隐患排查（9项）

在现场检查和环境风险评价的基础上，对企业环境污染事故工艺技术和自动控制预防措施、应急设施与装备、应急队伍等应急能力进行排查，是否能满足应急救援需求。

（1）企业编制的环境污染事故应急预案评审、修改、发布、更新情况。

（2）企业环境污染事故危险源自动监控系统（包括连锁、自动停车系统等）和预警系统设置情况；危险源事故状态下工艺防范设施（如紧急切断等）设置情况；是否能满足环境风险评价的要求。

（3）企业环境污染事故危险源诸如泄漏物料收集、围堰、消防废水收集系统、事故应急池、排放口与外部水体间的紧急切断设施、以及清、污、雨水管网的布设等配置情况；是否能满足环境风险评价的要求。

（4）企业依据应急预案对环境污染事故应急措施的落实情况，如组织机构和职能分工、应急救援设施（备）和效能（如：个人防护装备器材、消防设施、堵漏器材、医疗救护器材和药品、应急交通工具、应急通信系统、电源照明等）。

（5）企业环境风险评价要求的应急救援物资，特别是处理泄漏物、消解和吸收污染物的各种吸附剂、中和剂、解毒剂等化学品物资（如活性炭、木屑和石灰等）的储备情况，是否能满足应急救援的需求。

（6）企业内部应急队伍建设情况，包括环境应急、抢修、现场救护、医疗、治安、消防、交通管理、通讯、供应、运输、后勤等各种专业人员。

（7）企业各种保障制度（污染治理设施运行管理制度、防止非正常性排放措施、日常环境监测制度、设备仪器检查与日常维护制度、培训制度等）

（8）企业环境污染事故应急演练情况。

（9）企业环境污染事故应急救援外部力量情况：与地方政府应急预案的衔接、环境应急监测能力、临近单位的区域联防与互助、请求政府协调应急救援力量及设备、应急救援信息咨询。

第二节 隐患分级

一 分级原则

根据国家《企业突发环境事件隐患排查和治理工作指南（试行）》，根据可能造成的危害程度、治理难度及企业突发环境事件风险等级，隐患分为重大突发环境事件隐患（以下简称重大隐患）和一般突发环境事件隐患（以下简称一般隐患）。

具有以下特征之一的可认定为重大隐患，除此之外的隐患可认定为一般隐患：

（1）情况复杂，短期内难以完成治理并可能造成环境危害的隐患；

（2）可能产生较大环境危害的隐患，如可能造成有毒有害物质进入大气、水、土壤等环境介质次生较大以上突发环境事件的隐患。

同时，企业应根据前述关于重大隐患和一般隐患的分级原则、自身突发环境事件风险等级等实际情况，制定本企业的隐患分级标准。可以立即完成治理的隐患一般可不判定为重大隐患。

二 中国石化环保隐患分级

1. 一般环保隐患

一般环保隐患，是指可能产生的环境危害程度较小，或发现后能够立即治理排除的隐患。如企业运行管理过程环境隐患，基本上可认定为一般环保隐患。该类隐患可能产生的环境危害程度较小，发现后不需要进行施工改造，通过完善制度、明确职责，立即治理排除隐患。如下隐患可判定为一般环保隐患。

（1）企业环境管理机构设置不健全。

（2）企业未制定环境责任制。

（3）企业环境制度的制定和落实不健全。

（4）企业主要负责人、环境管理人员、职能部门负责人、专业技术人员、从业人员的环境安全培训教育开展不到位。

（5）企业岗位操作人员未经过岗位技术培训上岗。

（6）企业巡回检查制度未制定或执行不到位。

（7）企业编制的环境污染事故危险源相关岗位操作规程不完善，没有达到规范从业人员的操作行为、以及在装置发生异常情况时能控制环境风险的目的。

（8）企业没有依据国家、当地政府的有关规定，建立环保投入保障制度；没有按要求提取并投入环境保护；环保投入未涵盖环保教育、"三废"处理和应急救援等设施的建设和维护保养，以及重大环境隐患排查治理、建立环境污染事故应急救援队伍和开展应急救援演练等所需的费用。

（9）企业环境污染事故危险源相关装置（设施）和场所未编制环保应急预案；未定期开展应急预案演练；相关岗位员工不能即时识别和处理各种不正常现象与事故。

（10）企业未建立环保检查制度；环境隐患整改及复查不到位；未定期开展综合检查、专业检查、季节检查和日常检查。

（11）企业未建立环保隐患制度，作业过程中出现的事故隐患没有及时记录并限期进行整改，是没有形成隐患整改记录。

如图4-1～图4-8所示，均为可能产生的环境危害程度较小，发现后不需要进行施工改造，可立即治理排除的一般隐患。

图4-1　油气回收集气罩损坏

图4-2　油气回收检测
口阀门无法打开

图4-3　油气回收检测
口有杂物

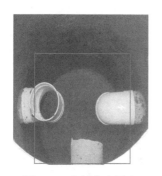

图4-4　水封井内无水　　图4-5　水封高度不　　图4-6　油气回收通气管阀门位置错误
　　　　　　　　　　　　足，且油污较多

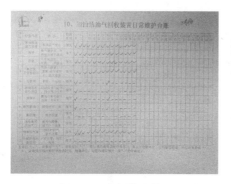

图4-7　虚假的巡检记录　　　图4-8　水质检测缺少重要项目，与要求不符

2. 较大环保隐患

较大环保隐患，是指可能产生的环境危害程度较大，应当局部停产停业并经过一定时间治理方能排除的隐患。如企业环境安全手续及符合性隐患、局部设备设施环境隐患等。该类隐患一定程度上影响企业的日常管理运行，可能产生的环境危害程度较大，发现后需要进行局部施工改造。如下隐患可判定为较大环保隐患。

（1）企业项目环保手续不健全，或内容存在缺项，包括环境影响评价批复、设立安全评价批复、职业危害预评价批复、发改委（或经贸委）项目批文、规划部门的建设项目规划许可证和选址意见书、安全试生产许可、环保试生产许可、消防竣工验收报告、安全竣工验收批复、环保竣工验收批复等文件。

（2）企业项目各类评审意见未落实，包括初步设计评审记录、消防设计审核意见、安全设施设计审查意见、职业防护设施设计审查意见等审查意见等。

（3）局部设备设施存在环境隐患，如局部区域清污分流系统不健全、污水处理装置局部运行故障、油气回收装置局部运行故障、生产区域局部存在防渗缺陷、危险废物储存间建设不规范等。

（4）企业环境应急物资配备不齐全，处理泄漏物、消解和吸收污染物的各种吸附剂、中和剂、解毒剂等的储备情况，不能满足应急救援的需求。

（5）使用国家命令淘汰的高能耗设备等。

（6）生产设施定期检验检测开展不到位，环境监测设施不健全等。

如图4-9～图4-13所示，均为可能产生的环境危害程度较大，应当局部停产停业并经过一定时间治理方能排除的较大隐患。

图4-9　污水收集设施不健全，无污水收集环沟

图4-10　未建设有符合规范的危废仓库

图4-11　加油站淘汰变压器

图4-12　油库消防水泵淘汰电机

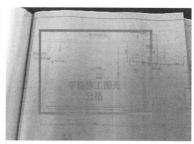

图4-13　施工与设计不符，隔油池不具备功能

3. 重大环保隐患

重大环保隐患，是指可能产生的环境危害程度大，且情况复杂、短期内难以完成治理，应当全部或者局部停产停业并经过一定时间治理方能排除的隐患，或者因特殊原因致使自身难以排除的隐患，如企业违反环境保护法经营、缺少证照、大范围环保设备设施与设计规范不符等。该类隐患大幅影响企业的日常管理运行，可能产生的环境危害程度非常，发现后需要停业、停产或经过一定时间治理的隐患。以下隐患可判定为重大环保隐患。

（1）企业生产证照不健全，如安全生产许可证、排污许可证等文件的不具备。

（2）生产区域整体污染物回收、处置设施不健全。

（3）企业环境污染事故危险源自动监控系统（包括连锁、自动停车系统等）和预警系统设置不健全；危险源事故状态下工艺防范设施（如紧急切断等）设置不健全。

（4）使用国家命令淘汰的生产工艺等，如图4-14所示，油库码头卸油顶水为国家命令淘汰的生产工艺。

（5）生产设施存在安全间距不足。位于生态红线区内，或管道经过生态红线区内，被地方政府强令迁出等。

图4-14   油库码头卸油顶水淘汰工艺

第三节   隐患排查的基本要求

一   建立隐患治理制度

企业应当按照下列要求建立健全隐患排查治理制度：

（1）建立隐患排查治理责任制。企业应当建立健全从主要负责人到每位作业人员，覆盖各部门、各单位、各岗位的隐患排查治理责任体系；明确主要负责人对本企业隐患排查治理工作全面负责，统一组织、领导和协调本单位隐患排查治理工作，及时掌握、监督重大隐患治理情况；明确分管隐患排查治理工作的组织机构、责任人和责任分工，划分排查区域，明确每个区域的责任人，逐级建立并落实隐患排查治理岗位责任制。重大环保隐患应由企业领导进行承包，并予以公示。

（2）制定突发环境事件风险防控设施的操作规程和检查、运行、维修与维护等规定，保证资金投入，确保各设施处于正常完好状态。

（3）建立自查、自报、自改、自验的隐患排查治理组织实施制度。

（4）如实记录隐患排查治理情况，形成档案文件并做好存档。

（5）及时修订企业突发环境事件应急预案、完善相关突发环境事件风险防控措施。

（6）定期对员工进行隐患排查治理相关知识的宣传和培训。

（7）有条件的企业应当建立与企业相关信息化管理系统联网的突发环境事件隐患排查治理信息系统。

二 明确隐患排查方式和频次

企业应当综合考虑自身突发环境事件风险等级、生产工况等因素合理制定年度工作计划，明确排查频次、排查规模、排查项目等内容。根据检查主体的不同，环保隐患排查应通过全员排查、专项排查、外部检查3种途径，并结合环保隐患治理重点方向，开展排查工作。主要从环境违法行为、环境管理及环保设施缺陷、环境风险防控设施危险状态等方面开展。根据排查频次、排查规模、排查项目不同，排查可分为综合排查、日常排查、专项排查及抽查等方式。企业应建立以日常排查为主的隐患排查工作机制，及时发现并治理隐患。

（1）综合排查是指企业开展的全面排查，一年应不少于一次。

（2）日常排查是指以班组、基层、地市公司为单位，组织的对单个或几个项目采取日常的、巡视性的排查工作，其频次根据具体排查项目确定。一月应不少于一次。

（3）专项排查是在特定时间或对特定区域、设备、措施进行的专门性排查。其频次根据实际需要确定。

（4）企业可根据自身管理流程，采取抽查方式排查隐患。

三 需及时组织隐患排查的情况

在完成年度计划的基础上，当出现下列情况时，应当及时组织隐患排查：

（1）出现不符合新颁布、修订的相关法律、法规、标准、产业政策等情况的；

（2）企业有新建、改建、扩建项目的；

（3）企业突发环境事件风险物质发生重大变化导致突发环境事件风险等级发生变化的；

（4）企业管理组织应急指挥体系机构、人员与职责发生重大变化的；

（5）企业生产废水系统、雨水系统、清净下水系统、事故排水系统发生变化的；

（6）企业废水总排口、雨水排口、清净下水排口与水环境风险受体连接通道发生变化的；

（7）企业周边大气和水环境风险受体发生变化的；

（8）季节转换或发布气象灾害预警、地质地震灾害预报的；

（9）敏感时期、重大节假日或重大活动前；

（10）突发环境事件发生后或本地区其他同类企业发生突发环境事件的；

（11）发生生产安全事故或自然灾害的；

（12）企业停产后恢复生产前。

第四节　隐患排查治理的组织实施

一　自　查

企业根据自身实际制定隐患排查表，包括所有突发环境事件风险防控设施及其具体位置、排查时间、现场排查负责人（签字）、排查项目现状、是否为隐患、可能导致的危害、隐患级别、完成时间等内容。

二　自　报

企业的非管理人员发现隐患应当立即向现场管理人员或者本单位有关负责人报告；管理人员在检查中发现隐患应当向本单位有关负责人报告。接到报告的人员应当及时予以处理。

在日常交接班过程中，做好隐患治理情况交接工作；隐患治理过程中，明确每一工作节点的责任人。

三　自　改

一般隐患必须确定责任人，立即组织治理并确定完成时限，治理完成情况要由企业相关负责人签字确认，予以销号。

重大隐患要制定治理方案，治理方案应包括：治理目标、完成时间和达标要求、治理方法和措施、资金和物资、负责治理的机构和人员责任、治理过程中的风险防控和应急措施或应急预案。重大隐患治理方案应报企业相关负责人签发，抄送企业相关部门落实治理。

企业主要负责人要及时掌握重大隐患治理进度，可指定专门负责人对治理进度进行跟踪监控，对不能按期完成治理的重大隐患，及时发出督办通知，加大治理力度。

四　自　验

重大隐患治理结束后企业应组织技术人员和专家对治理效果进行评估和验收，编制重大隐患治理验收报告，由企业相关负责人签字确认，予以销号。

第五节　隐患治理项目后评估

隐患治理完成并投运后，应开展环境效益后评估，主要包括系统稳定性、有效性的评估，如污染物去除率、达标率及运维费用等内容。

一　隐患治理项目后评估目的

现场核查和资料核查事故隐患治理项目整改完成情况和经费使用情况；查找存在的问题 缺陷和不足，提出整改意见；进一步规范事故隐患治理项目管理，做好隐患治理项目后期效果跟踪工作，为科学制定隐患治理方案和投资计划提供依据。

二　隐患治理项目后评估工作程序

隐患治理项目后评估工作程序通常包括后评价年度计划、后评价委托、被评价企业项目资料与数据提供、项目后评价和评价意见反馈等。事故隐患治理项目后评估工作程序见图4-15。

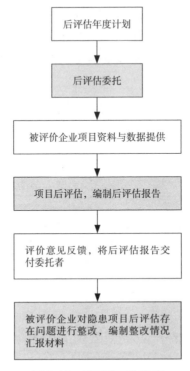

图4-15　后评估工作程序

（1）后评估年度计划。确定进行后评估的隐患治理项目和后评估时间，下达后评估计划，通知各有关单位准备好后评估材料。

（2）后评估委托。委托中国石化有关单位或其它有资质的中介机构进行。委托者发出委托书的同时，通报项目建设等有关单位，为后评估工作提供相关支持。后评估执行单位接到委托书后，应立刻组织评估组和专家组制定工作计划，向被评估企业提出后评估所需资料和时间要求。后评估专家组的组成根据隐患项目类型由相关环保、工艺、设备、电气、仪表、消防、安全等专业的具有生产、设计、安全工程等专业知识和生产经验的专家组成。

（3）被评价企业项目资料与数据的提供。项目建设单位接到后评估的通知后，必须按照归口管理部门和后评估执行单位的要求，按时、准确、全面地提供项目后评估所需的有关资料，并负责配合后评估执行单位的现场调查。

（4）项目后评估，编制后评估报告。后评估包括以下内容：决策过程评价、实施过程评价、项目经济评价、项目影响评价、项目可持续性评价。后评估专家组在听取企业汇报、查阅相关资料及实地调查研究的基础上，现场核查隐患治理项目整改完成情况和经费使用情况；根据国家有关的法律、法规、规章、标准和行业标准、规范、规定，对照中国石化的规章制度等进行分析评估，采用对比分析法等评估方法，依靠评估专家组的经验综合评估，查找存在的问题和不足，提出整改意见和评估结果；通过专家组认真讨论并与企业交流，形成后评估报告。

（5）评价意见反馈，将后评估报告交付委托者将评估意见反馈给被评价企业，就评估结果和提出的安全对策措施建议与被评价企业交换意见。将后评估报告交付委托者。

（6）被评价企业对隐患项目后评估存在问题进行整改，编制整改情况汇报材料。

三　企业准备的事故隐患治理项目后评估材料要求

（1）简要介绍项目内容来源，批准单位（有可研批复的注明批复时间），批准该项目总投资额，项目实际投资额。开工建设时间，完成项目建设时间，投入运行（试运行）时间。

（2）项目计划采用的治理方案及实际执行的方案、技术路线及主要设备选型及数量。

（3）项目效果分析。要采用对比分析方法，对隐患治理前后的效果进行分析，明确提出隐患治理工作是否达到预期效果，未达到预期效果的项目，应认真分析原因，提出补救措施。

（4）说明项目验收情况、未完成原因、资金决算结果。

（5）遗留及存在问题、建议。

（6）提供完整的竣工验收报告，竣工验收报告必须按照SH/T 3904—2005《石油化工建设工程项目竣工验收规定》的要求进行（含财务决算报告和审计报告）。

（7）提供项目的可行性研究报告。

四　隐患治理项目后评估报告内容

后评估报告内容包括以下几方面内容：

（1）隐患治理项目简介。

（2）隐患治理方案及实际执行情况。

（3）隐患治理效果。

（4）存在问题及建议。

（5）项目评估意见，包括：一是企业对隐患项目是否按照事故隐患治理项目管理规定的要求进行管理，是否按"四定"要求开展工作，是否按规范对隐患治理项目的设计、施工进行管理；二是经过整改是否消除了原事故隐患；三是企业是否按时完成了隐患治理工作，是否完成了竣工财务决算、审计报告和竣工验收报告，档案资料是否齐全并按要求组卷归档。对未完成隐患治理工作的单位要求其根据专家组提出的建议尽快完成整改，并提交隐患项目后评估存在问题整改情况汇报。

思考题

1. 请简述，在开展企业环保隐患排查治理时，分为哪些步骤，需要注意什么内容。

2. 企业在开展环境依法合规符合性隐患排查时的重点是什么？

下篇

环境应急篇

环境应急篇力求以《突发事件应对法》为依据和框架，梳理环境应急管理的理论、规范环境应急管理的有关概念、明确环境应急管理中各环节的任务和要求，总结多年来环境应急管理工作中的实践经验，探索和展望环境应急管理工作的未来发展趋势，指导和帮助石油石化行业企业尤其是环境保护部门的领导干部更好地认识和完成确保环境安全、切实维护人民群众环境权益的任务。

本篇共分五章，第一章、第二章是理论篇，侧重于介绍环境应急管理的法律依据、基本概念和内容；第三章、第四章、第五章是实用篇，侧重于介绍应急管理事前、事中，事后环节中的任务、要求和实用方法。

第一章

突发环境应急管理概述

扫码即获更多阅读体验

　　本章从我国应急管理的基本理论出发，以突发环境事件的类型、特点为着手点，阐述了中国特色环境应急管理的理论框架，分析了当前我国环境应急管理现状，为进一步做好环境应急管理工作提供充分的理论支撑和现实指引。《中华人民共和国环境保护法》用完整独立的"第47条"（共4款），对环境应急管理工作进行了全面、系统地规定，明确要求各级政府及其有关部门和企业事业单位，要做好突发环境事件的风险控制、应急准备、应急处置和事后恢复等工作。《中华人民共和国突发事件应对法》对突发事件预防、应急准备、监测与预警、应急处置与救援、事后恢复与重建等环节作了全面、综合、基础性的规定。《突发环境事件应急管理办法》是在环境应急领域对新修订《中华人民共和国环境保护法》及《中华人民共和国突发事件应对法》的具体落实。

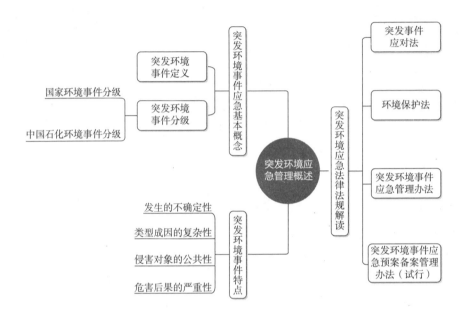

突发环境事件是指由于污染物排放或自然灾害、生产安全事故等因素，导致污染物或放射性物质等有毒、有害物质进入大气、水体、土壤等环境介质，突然造成或可能造成环境质量下降，危及公众身体健康和财产安全，或造成生态环境破坏，或造成重大社会影响，需要采取紧急措施予以应对的事件，主要包括大气污染、水体污染、土壤污染等突发性环境污染事件和辐射污染事件。

当前，我国突发环境事件居高不下，环境应急管理面临严峻挑战，做好环境应急管理工作，有效防范和妥善应对突发环境事件，减少突发环境事件的危害，对于深入贯彻落实习近平生态文明思想，保障人民群众生命财产和环境安全，促进经济社会又好又快发展，维护社会和谐稳定具有非常重要的现实意义。

本章从我国应急管理的基本理论出发，以突发环境事件的类型、特点为着手点，阐述了中国特色环境应急管理的理论框架，分析了当前我国环境应急管理现状，为进一步做好环境应急管理工作提供充分的理论支撑和现实指引。《中华人民共和国环境保护法》用完整独立的"第47条"（共4款），对环境应急管理工作进行了全面、系统地规定，明确要求各级政府及其有关部门和企业事业单位，要做好突发环境事件的风险控制、应急准备、应急处置和事后恢复等工作。《中华人民共和国突发事件应对法》对突发事件预防、应急准备、监测与预警、应急处置与救援、事后恢复与重建等环节作了全面、综合、基础性的规定。《突发环境事件应急管理办法》是在环境应急领域对新修订《中华人民共和国环境保护法》及《中华人民共和国突发事件应对法》的具体落实。

第一节　突发环境应急法律法规解读

一　中华人民共和国突发事件应对法

（一）制定背景

《中华人民共和国突发事件应对法》（以下简称《突发事件应对法》）由中华人

民共和国第十届全国人民代表大会常务委员会第二十九次会议于2007年8月30日通过。通过体制、机制和制度上的规范，国家增强政府应对突发事件的能力，增强社会公众的危机意识、自我保护、自救与互救能力，提高全社会对突发事件的应对能力。该法的施行使应急工作不仅从法律制度上得以规范和明确，而且确立其基本框架。《突发事件应对法》是我国应急管理工作的基本法律依据。

一般而言，有关公民的权利和国家制度的现行法规都是按常态在经常性秩序的前提下设计制定的，但是国家和社会也会遭遇不测风云。主要表现为社会基本安全利益遭受威胁或者危害，无法按照平时那样按部就班地工作和生活，原来的法律安排就需要改动。因此国家有必要在突发事件的应对方面作出新的安排，《突发事件应对法》是按照所涉及的非常状态和正常状态划分，"社会性""危害性""严重性"是构成本法所涉非常状态的三个要素。首先是"社会"的。突发事件只有超越个案和局部地点，其影响范围足以达到所谓"社会性"的程度才有可能进入非常态法制的视野；其次是突发事件具有"危害性"，包括危害性威胁和危害性损害，主要是对社会、政府、国家安全利益的威胁和损害；再次是前述突发事件的社会危害性达到"严重"的程度。常态法律中也有处理突发事件的制度，如果突发事件的社会危害可以由常态法律解决，当然也就无需引用处理非常态的专门应急立法。如何判断这种"严重程度"是非常复杂的事情，简单而言是某一突发事件将导致某一方面、某一区域乃至更大范围内常态法律制度的失灵，例如某一地区治安秩序的混乱已经达到政府用常态类的《中华人民共和国治安管理法》和《中华人民共和国刑法》不足以维护当地治安秩序的程度。我国非常态法制大致可以分为四种：战争、动员、紧急状态和行政应急管理。现在的突发事件应对法，属于第四种的范畴，所以也可以将该法称为行政应急管理基本法。

应急立法的重要任务，就是要在常态、非常态之间尽量划出清晰的法律界限，以便最大限度地保护常态法律规定的公民自由权利。《突发事件应对法》规定的突发事件限于自然灾害、事故灾难、公共卫生和社会安全方面，重点是前二个方面。《突发事件应对法》授予行政机关的应急权力，只能在应对法律规定的突发事件种类中使用。在划分"特别重大""重大""较大""一般"社会危害四个等级的基础上，首先规定应对措施应当与突发事件社会危害程度相适应的原则，进而按照危害等级规定有关应对措施的授权条款，最后规定危害程度达到最高等级的时候，就应当适用《中华人民共和国宪法》意义上的紧急状态制度。

（二）主要内容

《突发事件应对法》分为7章，共70条，对突发事件的预防与应急准备、监测与预警、应急处置与救援等作出规定，有利于从制度上预防突发事件的发生，或者防止一般突发事件演变为需要实行紧急状态处置的特别严重事件，减少突发事件造成的损害。该法突出政府的主导作用，规定政府的主要职责；明确以"预防为主"的原则，明确风险评估机制；规定了我国建立应急管理体制的要求；以人为本，提高全社会的避险救助能力；突出了企事业单位在突发事件处置中的义务和责任。《突发事件应对法》重要贡献之一，就是通过确立制度，防止混淆突发事件的普通社会危害和极端社会危害，使得国家民主决策制度和公民基本权利少受非常状态的影响，行政机关在处理危机时有了制度框架和依据。

在建立突发事件应急管理体制方面，该法提出以下要求：

（1）统一领导。各级人民政府成立应急指挥机构，各有关部门开展工作；纵向上应急管理体制实行垂直领导，下级服从上级。

（2）综合协调。该法要求明确政府和有关部门的职责，明确突发事件管理的牵头部门。综合协调人力、物力、技术、信息等资源；综合协调各方面力量，形成合力。

（3）分类管理。针对突发事件的类型、发生原因、表现形式、涉及范围各不相同的情况，该法要求每大类的突发事件应由相应的部门进行管理。重大决策必须由政府作出。不同类型的公共危机应该依托相应的专业管理部门。

（4）分级负责。针对突发事件的性质、发生原因，涉及范围、造成的危害等不同情况，因此需动用的人力、物力等情况也不同。该法要求首先由属地政府负责，其次不同级别的突发事件，应由相对应的不同级别的政府负责。

（5）属地管理。根据事发地政府最早知道事故信息，便于迅速反有效应对的情况。该法要求出现重大突发事件，地方政府必须及时、如实向上报告，必要时可以越级上报；同时根据预案上动员或调集资源进行救助或处置，如果出现本级政府无法应对的突发事件时，就应立即请求上级政府直接管理。此外，《突发事件应对法》还确立重大突发事件风险评估（第5条），各级人民政府和有关部门分工负责（第7条），应急预案（第17条），应急管理培训（第25条），建立健全监测（第41条），预警发布和报告、通报（第43条），信息上报（第46条）等一系列制度。

综上所述，《突发事件应对法》不止是简单地对现行做法进行法律确认，而且着眼于整体应急框架的建立，致力于基本法律原则和规则的实现，总结、提炼了近年来我国应急管理实践创新和理论创新的成果，集中体现了我国对应急管理工作的一些规律性认识。《突发事件应对法》的出台搭建出一个系统、完备的应急框架体系，与应急管理的全过程相适应。

二　中华人民共和国环境保护法

（一）制定背景

十二届全国人大常委会第八次会议于2014年4月24日表决通过了新的《中华人民共和国环境保护法》（以下简称《环境保护法》），并于2015年1月1日起施行。新法明确了新世纪环境保护工作的指导思想，加强政府责任和监督职能，衔接和规范相关法律制度，以推进环境保护法及其相关法律的实施。新法共7章70条，与旧法的6章47条相比有了较大变化，其中凸显建立公共预警机制、扩大公益诉讼主体、加强政府监管职责等三方面亮点。

（二）相关内容

各级人民政府及其有关部门和企业事业单位，应当依照《中华人民共和国突发事件应对法》的规定，做好突发环境事件的风险控制、应急准备、应急处置和事后恢复等工作。

县级以上人民政府应当建立环境污染公共监测预警机制，组织制定预警方案；当环境受到污染，可能影响公众健康和环境安全时，依法及时公布预警信息，启动应急措施。

企业事业单位应当按照国家有关规定制定突发环境事件应急预案，报环境保护主管部门和有关部门备案。在发生或者可能发生突发环境事件时，企业事业单位应当立即采取措施处理，及时通报可能受到危害的单位和居民，并向环境保护主管部门和有关部门报告。

在突发环境事件应急处置工作结束后，有关人民政府应当立即组织评估事件造成的环境影响和损失，并及时将评估结果向社会公布。

三 突发环境事件应急管理办法

（一）制定背景

《突发环境事件应急管理办法》（以下简称《办法》）并于2015年3月19日由原环境保护部部务会审议通过，以环境保护部令第34号印发公布，自2015年6月5日起施行。《办法》进一步明确环保部门和企业事业单位在突发环境事件应急管理工作中的职责定位，从风险控制、应急准备、应急处置和事后恢复等4个环节构建全过程突发环境事件应急管理体系，规范工作内容，理顺工作机制，并根据突发事件应急管理的特点和需求，设置了信息公开专章，充分发挥舆论宣传和媒体监督作用。

纵观与环境应急相关法律法规，《突发事件应对法》具有应急领域基本法的地位，但重在宏观指导，缺乏对于环境应急管理的针对性；《国家突发环境事件应急预案》重在明确应急准备环节的有关工作。新《环境保护法》对突发环境事件的应急管理工作提出了宏观上的原则要求，这些原则必须通过一系列的制度和规定来具体落实，增强其可操作性。为弥补法律法规的空白，提高法律法规的可操作性和针对性，需要制定专门的环境应急管理的部门规章。

（二）主要内容

《办法》共8章40条。主要内容如下：

第一章　总则。 本章主要规定了适用范围和管理体制。

第二章　风险控制。 本章一是规定了企业事业单位突发环境事件风险评估、风险防控措施以及隐患排查治理的要求；二是规定了环境保护主管部门区域环境风险评估以及对环境风险防范和隐患排查的监督管理责任。

第三章　应急准备。 本章一是规定了企业事业单位、环境保护主管部门应急预案的管理要求；二是规定了环境污染预警机制、突发环境事件信息收集系统、应急值守制度等；三是规定了企业事业单位环境应急培训、环境应急队伍、能力建设以及环境应急物资保障。

第四章　应急处置。 本章主要明确了企业事业单位和环境保护主管部门的响应职责。一是规定了企业的先期处置和协助处置责任；二是规定了环境保护主管部门在应急响应时的信息报告、跨区域通报、排查污染源、应急监测、提出处置建议等职责；三是规定了应急终止的条件。

第五章　事后恢复。本章规定了总结及持续改进、损害评估、事后调查、恢复计划等职责。

第六章　信息公开。本章规定了企业事业单位相关信息公开、应急状态时信息发布、环保部门相关信息公开。

第七章　法律责任。本章规定了污染责任人法律责任。

第八章　附则。本章主要明确了《办法》的解释权和实施日期。

（三）主要特点

《办法》主要有以下五方面特点：

（1）从全过程角度系统规范突发环境事件应急管理工作。《办法》在总结各地环境应急管理实践经验的基础上，以《环境保护法》第47条为依据，从事前、事中、事后全面、系统地规范突发环境事件应急管理工作，从根本上解决突发环境事件应急管理"管什么"和"怎么管"的问题。

（2）构建了突发环境事件应急管理基本制度。《办法》围绕环保部门和企业事业单位两个主体，构建了8项基本制度，分别是风险评估制度、隐患排查制度、应急预案制度、预警管理制度、应急保障制度、应急处置制度、损害评估制度、调查处理制度。这8项基本制度组成了突发环境事件应急管理工作的核心内容。

（3）突出了企业事业单位的环境安全主体责任。企业事业单位应对本单位的环境安全承担主体责任，具体体现在日常管理和事件应对两个层次十项具体责任。在日常管理方面，企业事业单位应当开展突发环境事件风险评估，健全突发环境事件风险防控措施，排查治理环境安全隐患，制定突发环境事件应急预案并备案、演练，加强环境应急能力保障建设；在事件应对方面，企业事业单位应立即采取有效措施处理，及时通报可能受到危害的单位和居民，并向所在地环境保护主管部门报告、接受调查处理以及对所造成的损害依法承担责任。

（4）明确了突发环境事件应急管理优先保障顺序。《办法》明确了突发环境事件应急管理的目的是预防和减少突发环境事件的发生及危害，规范相关工作，保障人民群众生命安全、环境安全和财产安全。《办法》将突发环境事件应急管理优先保障顺序确定为"生命安全""环境安全""财产安全"，突出强调了环境作为公共资源的特殊性和重要性，这也是《办法》的一大创新点。

（5）依据部门规章的权限新设了部分罚则。对于发生突发环境事件并造成后果的，相关法律法规已多有严格规定，但在风险防控和应急准备阶段，《环境保护法》和《突发事件应对法》等有相关义务规定，但没有与之对应的责任规定或者规定不明。针对这项情况，《办法》依据部门规章的权限，针对六种情形设立警告及罚款。

四　突发环境事件应急预案备案管理办法（试行）

2015年1月9日，原环境保护部印发了《企业事业单位突发环境事件应急预案备案管理办法（试行）》（环发〔2015〕4号）（以下简称《备案管理办法》），自发布之日起施行。《备案管理办法》是一份规范地方环境保护主管部门（以下简称"环保部门"）对企业事业单位（以下简称"企业"）突发环境事件应急预案（以下简称"环境应急预案"）实施备案管理的规范性文件，对企业环境应急预案备案管理的适用范围、基本原则和备案的准备、实施、监督等作出了明确规定。

（一）制定背景

《备案管理办法》的制定主要基于以下几方面。

（1）落实新修订的《环境保护法》的需要。新修订的《环境保护法》第47条第3款规定，"企业事业单位应当按照国家有关规定制定突发环境事件应急预案，报环境保护主管部门和有关部门备案"，将环境应急预案的制定和备案确定为企业的法定义务。为贯彻落实《环境保护法》，系统细化、规范企业备案行为和环保部门监管行为，需要制定配套的《备案管理办法》。

（2）落实企业主体责任的需要。企业是制定环境应急预案的责任主体，而环境应急预案是"有生命力的文件"，需要企业通过自身努力，不断修订完善，才能确保切合实际、有效有用。但在实践中，一些企业没有开展必要的风险评估和应急资源调查，只是照搬照抄，或者把编制工作完全交给技术服务机构，编制完成又束之高阁，这与落实企业主体责任的要求不符。也有一些地方环保部门为了保证企业环境应急预案的质量，将备案设置为"非许可类审批"，或者赋予其一些行政许可的色彩，实质上是分担了企业的主体责任。还有一些环保部门对企业环境应急预案着力于"准入"的监管，而对已备案的预案指导和使用不够，管理不到位。这些做法不符合国家"切实防止行政许可事项边减边增、明减暗增，加强和改进事中和事后监管"的行政审批制度改革的精神，需要通过《备案管理办法》予以规范。

（3）环境应急预案管理的实践需要。2010年，原环境保护部印发《突发环境事件应急预案管理暂行办法》（环发〔2010〕113号）（以下简称《预案暂行办法》）后，各地针对环境应急预案管理进行了很多有益的探索和实践，初步建立了备案制度。但预案备案管理还存在一些问题：

①备案率不高、进展不平衡，已编制环境应急预案的企业，整体备案率不到80%，有的地方仅为38%。

②现场处置预案偏少，可操作性不强。《预案暂行办法》将环境应急预案分为综合预案、专项预案、现场处置预案三类。但只有不到一半的企业编制了现场处置预案，更多企业只有综合预案，内容多是原则性规定。

③属地管理不够、信息收集不全面。《预案暂行办法》将国控污染源设置为省级环保部门备案，是环境应急预案管理开始阶段的"权宜之计"，已难以满足"属地为主"、县级人民政府先期处置的要求。地方在执行时，实行分级备案的占74%。由于没有信息传递要求，一些下级环保部门无法获得企业环境应急预案，不能充分掌握相关信息。

④逐级备案加重了企业负担，26%的地方实行逐级备案，要求企业向多个层级的环保部门备案，不符合中央简政放权的精神。

⑤分级管理要求差异大。在备案分级管理中，各地存在通过污染物排放量、环评级别、风险级别、跨区域、行业因素、环境敏感程度等进行分级的多种情况，而且有的地方是两级管理，有的地方是三级管理。

为解决上述问题，有必要制定《备案管理办法》。

（二）主要内容

《备案管理办法》共5章26条，在吸收《预案暂行办法》有关内容、总结近年来工作实践经验的基础上，对五个方面的内容作出了规定。

第一章　总则。本章对备案管理的目的、概念、范围、原则等一般性内容进行了规定，明确了备案管理遵循规范准备、属地为主、统一备案、分级管理的原则，强调根据环境风险大小实行分级管理，企业主动公开相关环境应急预案信息。

第二章　备案的准备。基于备案的需要，本章对环境应急预案的制定、实施、修订等准备工作进行了规定，强调企业是制定环境应急预案的责任主体，通过成立编制组、开展评估和调查、编制预案、评审和演练、签署发布等步骤制定环境应急预案，并及时修订预案。

第三章 备案的实施。本章对备案时限、文件、方式、受理部门进行了规定。明确企业在环境应急预案发布后的20个工作日内进行备案以及应提交的备案文件。明确县级环保部门作为主要的备案受理部门，以及备案受理部门的审查处理方式。

第四章 备案的监督。本章对备案后环保部门的监管和企业、环保部门责任进行了规定。明确环保部门及时将备案的环境应急预案汇总、整理、归档，并通过抽查等方式，指导企业持续改进。还明确了企业和环保部门违反规定应承担的责任。

第五章 附则。本章与《环境保护法》第47条第3款"报环境保护主管部门和有关部门备案"衔接，并说明施行日期。

第二节 突发环境事件应急基本概念

一 突发环境事件定义

1. 突发事件定义

关于突发事件的定义有多种说法，《突发事件应对法》中将突发事件定义为：突然发生，造成或者可能造成严重社会危害，需要采取应急处置措施予以应对的自然灾害、事故灾难、公共卫生和社会安全事件。

《突发事件应对法》明确指出其立法目的是"为了预防和减少突发事件的发生，控制、减轻和消除突发事件引起的严重社会危害，规范突发事件应对活动，保护人民生命财产安全，维护国家安全、公共安全、环境安全和社会秩序"。

《国家突发公共事件总体应急预案》将突发公共事件分为自然灾害、事故灾难、公共事件、社会安全事件，明确提出事故灾难包括环境污染和生态破坏事件，突发公共卫生事件包括造成或者可能造成严常影响公众健康的事件。

2. 环境事件定义

2006年1月，国务院正式颁布实施了《国家突发环境事件应急预案》，该预案对突发环境事件的定义是：由于违反环境保护法律法规的经济、社会活动与行为，以及意外因素的影响或不可抗拒的自然灾害等原因致使环境受到污染，人体健康受到危害，社会经济与人民群众财产受到损失，造成不良社会影响的突发性事件。

明确突发环境事件的定义首先要理解事故与事件的区别。事件在《现代汉语词典》（第5版）中的解释中有：事情事项、案件等意义，尤其是指历史上或社会上发生的不平常的大事情。同时，事件还是法律事实的一种，指与当事人意志无关的那些客观现象，即这些事实的出现与否，是当事人无法预见或控制的。

由此可见，突发环境事件是突发事件的一种类型。

二　突发环境事件分级

（一）国家环境事件分级

2014年发布的《国家突发环境事件应急预案》（国办函〔2014〕119号），按照事件严重程度，突发环境事件分为特别重大、重大、较大和一般四级，并从造成的人员伤亡情况、经济损失、环境危害、社会危害、放射源事故等方面进行了量化说明。

1. 特别重大突发环境事件

凡符合下列情形之一的，为特别重大突发环境事件：

（1）因环境污染直接导致30人以上死亡或100人以上中毒或重伤的；

（2）因环境污染疏散、转移人员5万人以上的；

（3）因环境污染造成直接经济损失1亿元以上的；

（4）因环境污染造成区域生态功能丧失或该区域国家重点保护物种灭绝的；

（5）因环境污染造成设区的市级以上城市集中式饮用水水源地取水中断的；

（6）Ⅰ、Ⅱ类放射源丢失、被盗、失控并造成大范围严重辐射污染后果的；放射性同位素和射线装置失控导致3人以上急性死亡的；放射性物质泄漏，造成大范围辐射污染后果的；

（7）造成重大跨国境影响的境内突发环境事件。

2. 重大突发环境事件

凡符合下列情形之一的，为重大突发环境事件：

（1）因环境污染直接导致10人以上30人以下死亡或50人以上100人以下中毒或重伤的；

（2）因环境污染疏散、转移人员1万人以上5万人以下的；

（3）因环境污染造成直接经济损失2000万元以上1亿元以下的；

（4）因环境污染造成区域生态功能部分丧失或该区域国家重点保护野生动植物种群大批死亡的；

（5）因环境污染造成县级城市集中式饮用水水源地取水中断的；

（6）Ⅰ、Ⅱ类放射源丢失、被盗的；放射性同位素和射线装置失控导致3人以下急性死亡或者10人以上急性重度放射病、局部器官残疾的；放射性物质泄漏，造成较大范围辐射污染后果的；

（7）造成跨省级行政区域影响的突发环境事件。

3.　较大突发环境事件

凡符合下列情形之一的，为较大突发环境事件：

（1）因环境污染直接导致3人以上10人以下死亡或10人以上50人以下中毒或重伤的；

（2）因环境污染疏散、转移人员5000人以上1万人以下的；

（3）因环境污染造成直接经济损失500万元以上2000万元以下的；

（4）因环境污染造成国家重点保护的动植物物种受到破坏的；

（5）因环境污染造成乡镇集中式饮用水水源地取水中断的；

（6）Ⅲ类放射源丢失、被盗的；放射性同位素和射线装置失控导致10人以下急性重度放射病、局部器官残疾的；放射性物质泄漏，造成小范围辐射污染后果的；

（7）造成跨设区的市级行政区域影响的突发环境事件。

4.　一般突发环境事件

凡符合下列情形之一的，为一般突发环境事件：

（1）因环境污染直接导致3人以下死亡或10人以下中毒或重伤的；

（2）因环境污染疏散、转移人员5000人以下的；

（3）因环境污染造成直接经济损失500万元以下的；

（4）因环境污染造成跨县级行政区域纠纷，引起一般性群体影响的；

（5）Ⅳ、Ⅴ类放射源丢失、被盗的；放射性同位素和射线装置失控导致人员受到超过年剂量限值的照射的；放射性物质泄漏，造成厂区内或设施内局部辐射污染后果的；铀矿冶、伴生矿超标排放，造成环境辐射污染后果的；

（6）对环境造成一定影响，尚未达到较大突发环境事件级别的。

上述分级标准有关数量的表述中，"以上"含本数，"以下"不含本数。

（二）中国石化环境事件分级

环境事件等级分为：特别重大环境事件、重大环境事件、较大环境事件和一般环境事件。因同一事件受到不同处罚的，按照处罚最重的判定环境事件等级。

1. 特别重大环境事件

特别重大环境事件为《国家突发环境事件应急预案》中界定的特别重大突发环境事件。

2. 重大环境事件

凡符合下列情形之一的，为重大环境事件：

（1）根据《国家突发环境事件应急预案》中突发环境事件分级标准，界定为重大突发环境事件的。

（2）因环保违规、违法，被生态环境行政主管部门责令停产、停业或关闭的。

3. 较大环境事件

凡符合下列情形之一的，为较大环境事件：

（1）根据《国家突发环境事件应急预案》中突发环境事件分级标准，界定为较大突发环境事件的。

（2）根据两高司法解释，发生"严重污染环境"的情形，致使直属单位、员工被追究刑事责任的。

（3）上报国家生态环境行政主管部门审批的建设项目，环境影响报告书（表）未获得批复即开工建设的。

（4）因环保违规、违法，被生态环境行政主管部门施以吊销排污许可证、责令停产整顿、查封、扣押、行政拘留等行政处罚或措施的。

（5）由于直属单位主体责任，发生重大环保问题，被国家生态环境行政主管部门事件通报或者挂牌督办的，或者约谈集团公司领导的，或者考核年度内直属单位被省级及以上生态环境行政主管部门约谈三次及以上的。

4. 一般环境事件

凡符合下列情形之一的，为一般环境事件：

（1）根据《国家突发环境事件应急预案》中突发环境事件分级标准，界定为一般突发环境事件的。

（2）上报省级生态环境行政主管部门审批的建设项目，环境影响报告书（表）未获得批复就开工建设的。

（3）上报国家生态环境行政主管部门审批环境影响评价的建设项目，由于本单位责任超过1年仍未完成竣工环境保护验收的。

（4）因环保违规、违法，被生态环境行政主管部门处以警告、没收违法所得、没收非法财物等行政处罚的；或因环保违规、违法，受到生态环境行政主管部门罚款（其中单笔罚款额度50万元及以上，或者考核年度内被罚款总额度200万元及以上，或者考核年度内罚款额度20万元及以上的次数达到6次及以上），或者由于本单位责任被省级生态环境行政主管部门挂牌督办的。

第三节 突发环境事件特点

目前，我国突发环境事件种类覆盖所有环境要素，时间和季节特点较为突出，地域、流域分布不均，具有起因复杂、难以判断的典型特征，损害也多样，除可能造成死亡外，也会引起人体各器官系统暂时性或永久性的功能性或器质性损害；可能是急性中毒也可能是慢性中毒；不但影响受害者本人，也可影响后代；可以致畸，也可以致癌。同时，环境在遭受严重污染后，消除污染极为困难，如处置措施不当，不仅浪费大量人力、物力，还可能造成二次污染。具体来看，突发环境事件包括以下特点。

一 发生发展的不确定性

突发环境事件往往是在同一系列微小环境问题相互联系、逐渐发展而来的。事件爆发的时间、规模、具体态势和影响深度经常出乎人们的意料，即突发环境事件发生突如其来。一旦爆发，其破坏性的能量就会被迅速释放，其影响呈快速扩大之势，难以及时、有效地予以预防和控制。同时，突发环境事件大多演变迅速，具有连带效应，以至于人们对事件的进一步发展，如发展方向、持续时间、影响范围、造成后果等很难给出准确的预测和判断。

二　类型成因的复杂性

每种类型的突发环境事件的发生与发展有不同的情景，在表现形式上多种多样，涉及的行业与领域众多，包含的影响因素很多，相互关系错综复杂。不同类型的突发环境事件在一定条件下还可以相互转化，突发环境事件成因的复杂性赋予了突发环境事件新的内涵，为突发环境事件的预防、准备、处置和善后增加了困难。

三　侵害对象的公共性

突发环境事件归根结底是突发事件的一种。因此，和其他突发事件一样，突发环境事件涉及和影响的主体可以包括个体、组织和社会等各种主体，可能影响面和涉及范围巨大，成为社会热点问题，并可能造成巨大的公共损失、公众心理恐慌和社会秩序混乱等。

四　危害后果的严重性

突发环境事件往往涉及的污染因素较多，排放量也较大，发生又比较突然，危害强度大。排放有毒、有害物质进入环境，其破坏性强，不仅会打乱正常生活、生产秩序，还会造成人员的伤亡、财产的巨大损失和生态环境的严重破坏。有些有毒、有害物质对人体或环境的损害是短期的，有些则是累积到一定程度之后才反映出来的，而且持续时间较长，难以恢复。因此，突发环境事件的监测、处置比一般的环境污染事件的处理更为艰巨与复杂，难度更大。

第四节　某企业原油泄漏案例

一　事件经过

事故当天，X 石油公司所属 30 万吨 "YB 油轮" 在向 Y 公司原油罐区卸送最终属于Z公司的原油；Z公司委托D石化技术有限公司负责加入原油脱硫剂作业。7月15日15时30分左右，YB油轮开始向Y公司原油罐区卸油。卸油作业在两条输油管道同时进行。当日20时左右，作业人员开始通过原油罐区内一条输油管道（内径0.9m）上的排空阀，向输油管道中注入脱硫剂。7月16日13时左右，油轮暂停卸油作业，但注入脱硫剂的作业没有停止。18时左右，在注入了88m³脱硫剂后，现场作业人员加水对脱硫剂管路和泵进行冲洗。18时8分左右，靠近脱硫剂注入部位的输油管道突然发生爆炸，引发火灾，造成部分输油管道、附近储罐阀门、输油泵房和电力系统损坏和大量原油泄漏。事故导致储罐阀门无法及时关闭，火灾不断扩大。原油沿着地下管沟流淌，形成地面流淌火，火势蔓延。事故造成103号储罐和周边泵房及港区主要输油管道严重损坏，部分原油流入附近海域。这起事故虽未造成人员伤亡，但大火持续燃烧15个小时，事故现场设备管道损毁严重，周边海域受到污染，社会影响重大，教训极为深刻。事故现场如图1-1所示。

（a）烧毁的103号储罐　　　　　　　　　　　　（b）

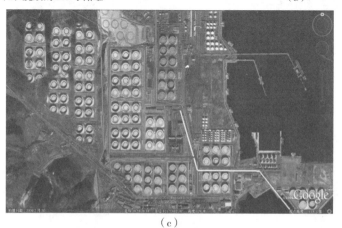

（c）

图1-1　事故现场图

二 事件分析

（1）符合环境事件的不确定性和复杂性。案例中的事件是由注入含有强氧化剂的原油脱硫剂造成的，符合突发环境事件爆发时间、规模、具体态势和影响深度经常出乎人们的意料的情况，事件影响迅速/破坏极大，难以及时有效地予以预防和控制。

（2）符合环境事件的公共性。原油泄漏事件中火灾不断扩大。原油沿着地下管沟流淌，形成地面流淌火，火势蔓延。事故造成103号储罐和周边泵房及港区主要输油管道严重损坏，部分原油流入附近海域。结果造成巨大的经济和环境损失，造成严重的公众心理恐慌和社会秩序混乱。

（3）符合环境事件的严重性。案例中的环境事件虽未造成人员伤亡，但造成了巨大的经济损失和环境破坏，有毒有害物质对人体或环境的损害持续时间较长，难以恢复。

第五节 延伸思考

以"一案三制"❶为主要内容的应急管理体系促进了我国应急管理能力和水平的提升，但突发事件的现状及未来发展趋势表明，应急管理体系亟须创新。目前，应急管理职能定位不明确、相关职能分散是制约应急管理体系发展的主要原因。作为石油石化企业，应急管理职能定位应当以决策情境为视角进行流程和功能整合，以应急文化建设为视角进行价值整合，最终实现常态应急管理职能与非常态应急管理职能的协调。

一 决策情境视角下的管理流程与功能整合

根据现代应急管理理论，任何影响公共安全的事件都有其特定的生命周期，着

---

❶ "一案"是指制定修订应急预案；"三制"是指建立健全应急的体制、机制和法制。

眼于事件的发生、发展和消亡的客观过程，并在此基础上选择具体的管理方式和方法。从事件本身的角度看，上述思路有其合理性，但企业或单位是按照专业化分工实现其常态应急管理职能的，非常态应急管理职能通过常设的或临时的组织机构嵌入其中，并不与突发事件的生命周期保持逻辑上的一致，因而不同部门在应急管理中的地位和作用特别是应急管理流程中的功能往往模糊。因此，应急管理的预防、准备和恢复功能常常被弱化。

要实现功能的整合就需要新的视角。对于企业管理者而言，突发事件的不同发展阶段意味着不同的决策情境。换言之，人们在突发事件面前采取何种行动，很大程度上取决于人们对事件本身的认知。因此，从管理者的角度，事件的演变过程可划分为风险、突发事件、危机三个不同的决策情境。

风险即表示事件处于潜伏期时管理者面临的第一种情境，这个阶段管理的重点在于风险识别、风险评估与风险控制，以期将风险消灭于萌芽当中。当然，并非所有的风险都能够通过控制的途径加以消解，当风险转变为对公共安全的现实冲击时，它总以某种突发事件的形式表现出来，这就是事件的第二种情境，即突发事件。这个阶段管理的重点在于紧急处置、控制事态发展，以使其尽快恢复到常态。当因控制不力或者其他原因使突发公共事件所造成的影响进一步恶化时，它就会使管理者面临极端状态——危机。它只是一个特定的极端状态，也就是当某事件发作而管理者应对不力时将出现的第三种情境。这个阶段的管理重点在于，做好公关工作，取得公众的理解和支持，通过良好的沟通重建政府形象并迅速控制危机。

二 应急文化视角下的价值整合

从应急管理的角度，企业的应急职能可以分为常态职能和非常态职能两种类型。

在生产工作中，危机意识和风险观念的不足甚至缺失，从根本上就是一种应急文化的缺失。所谓应急文化实际上就是"安全第一、预防为主"的价值观，体现为一个单位或单位中的每个成员共有的意识、共有的态度或共有的行为特征。只有建设发达的应急文化，企业和员工才能从安全的角度，随时评估他们的决策和行动，最大限度地规避发展过程中的风险，减少各种损失。因此，培育、发展应急文化，是整合常态应急职能与应急管理职能，正确处理安全与生产的关系，提高应急处置水平的一个具有战略意义的途径。

思考题

1.《突发事件应对法》在建立突发事件应急管理体制方面提出哪几点要求?

2.《突发环境事件应急管理办法》的主要特点有哪些?

第二章

环境应急管理主要特征

　　突发环境事件应急管理具有自身独特的特点、原则和阶段，具有系统性、协同性、全过程等管理特点。本章从突发环境事件应急管理的角度出发，以环境应急管理特点、环境应急管理原则和环境应急管理阶段为重点，剖析环境应急管理的特殊性。

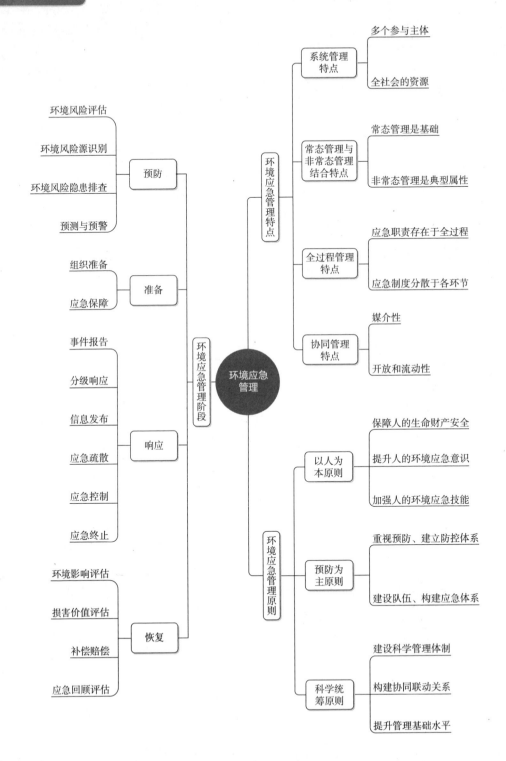

环境风险评估
环境风险源识别
环境风险隐患排查 — 预防
预测与预警

组织准备
应急保障 — 准备

事件报告
分级响应
信息发布
应急疏散 — 响应
应急控制
应急终止

环境影响评估
损害价值评估
补偿赔偿
应急回顾评估 — 恢复

环境应急管理阶段

环境应急管理

环境应急管理特点
- 系统管理特点
  - 多个参与主体
  - 全社会的资源
- 常态管理与非常态管理结合特点
  - 常态管理是基础
  - 非常态管理是典型属性
- 全过程管理特点
  - 应急职责存在于全过程
  - 应急制度分散于各环节
- 协同管理特点
  - 媒介性
  - 开放和流动性

环境应急管理原则
- 以人为本原则
  - 保障人的生命财产安全
  - 提升人的环境应急意识
  - 加强人的环境应急技能
- 预防为主原则
  - 重视预防、建立防控体系
  - 建设队伍、构建应急体系
- 科学统筹原则
  - 建设科学管理体制
  - 构建协同联动关系
  - 提升管理基础水平

第一节　环境应急管理特点

环境应急管理具有各类应急管理的共性特点，但也有以下区别于其他应急管理的特点。

一　系统管理的特点

环境应急管理能最大限度地避免和减小突发环境事件对公众造成的生命健康和财产损失，维护公共利益和公共安全。这种公共性特点决定环境应急管理涉及政府、企事业单位、社会团体、公民等多个参与主体。这些主体在参与环境应急管理过程中所形成的政府与部门、政府与企业、政府与公众、环境保护部门与其他部门、地区与地区等多利益关系需要协调和理顺。此外，在环境应急管理过程中，特别是突发环境事件应急响应时需要大量的人力、财力、物力、信息和技术等资源，必须依靠和借助全社会资源的共享和互助来保障。因此，环境应急管理是一项复杂的社会系统工程。

二　常态管理与非常态管理相结合的特点

在应对突发环境事件中，常常需要采取异于常态管理的紧急措施和程序。因此，环境应急管理具有典型的非常态管理的属性。但是环境应急管理绝不仅仅是一种非常态管理，按照事前预防、应急准备、应急响应和事后管理的环境应急管理主线，事前预防和应急准备环节是环境应急管理不可分割的两个重要组成部分。环境应急管理的基础是建立在常态管理之上，常态管理做好了可以最大限度地减少突发环境事件的发生。从这个意义上讲，应对突发环境事件的过程直接检验的是常态管理的能力，体现的是常态时的管理水平。

三　全过程管理的特点

环境应急管理是环境综合管理的重要组成部分。环境应急管理理念渗透于环境综合管理的各个方面，环境应急职责存在于环境综合管理的各个过程，环境应急管理制度分散于环境综合管理的各个环节。以事前预防、应急准备、应急响应、事后管理为主线，环境应急管理具体职责渗透到环境综合管理的全过程、全方位。围绕环境应急工作将互通信息、协调联动、综合应对形成合力，努力架构全防范体系。

四　协同管理的特点

环境具有媒介性特点，突发环境事件对环境造成危害，同时对人民群众的生命财产安全造成威胁。环境还具有开放性和流动性的特点。环境各组成要素不断流动、迁移和变化。环境的这些特点决定了：

一是部分突发环境事件是由自然灾害、安全生产、交通运输等突发事件引发的次生突发环境事件；

二是部分突发环境事件是由相邻区域环境污染引发或污染向相邻区域发展的跨界突发环境事件。

突发环境事件这种时间上的次生衍生性、空间上的迁移变化性决定了某一地域的环境应急管理不是独立、封闭的管理系统，需要与其他类别的应急管理、其他地域的环境应急管理协同联动、有机衔接，需要进行延伸管理、靠前管理、协同管理，最大限度地消除环境风险隐患，最大可能地避免或减少突发环境事件发生，最大限度地保护人民群众生命财产及环境安全。

第二节　环境应急管理基本原则

一　以人为本原则

突发环境事件的不可抗性，迫切需要在环境应急管理中，切实把保障员工生命财产及环境安全作为首要任务，最大限度地减少突发环境事件造成的人员伤亡和其他危害。

在环境应急管理活动中坚持以人为本，要求将人民群众的生命健康、财产安全以及环境权益作为一切工作的出发点和落脚点，并充分肯定人在环境应急管理活动中的主体地位和作用。

首先，要将保障人的生命健康、财产安全以及环境权益作为环境应急管理工作的最高目标，将其落实到突发环境事件事前预防、应急准备、应急响应及事后管理的各个环节，最大限度地减少或避免突发环境事件及其造成的人员伤亡、财产损失以及环境危害。

其次，要提高全员的环境风险意识、事件应对能力以及应急管理参与程度。广泛开展环境风险培训，深入宣传各类突发环境事件应急预案，全面普及预防、避险、自救、互救、减灾等知识和技能。

最后，要不断提高各类环境应急管理参与主体的环境应急响应能力。加强环境应急管理人员和应急处置队伍培训，加强员工的岗前、岗中教育培训，提高安全操作水平，掌握第一时间处置突发环境事件技能。积极开展突发环境事件应急预案演练，全面提高环境应急响应能力。

二　预防为主原则

传统突发事件处置工作主要是突发事件发生后的应对和处置，是在无准备或准备不足的状态下的仓促抵御，具有很大的被动性，处理成本高，灾害损失大。现代应急管理则强调管理重心前移，以预防为主、预防与应急相结合，强调做好应急管理的基础性工作。

预防为主原则有两层含义：

一是通过风险管理、预测预警等措施防止突发环境事件发生。重视突发环境事件事前预防，增强忧患意识，建立风险防控、监测监控、预测预警系统，建立统一、高效的环境应急信息平台，及早发现引发突发环境事件的线索和诱因，预测出将要出现的问题，采取有效措施，力求将突发环境事件遏制在萌芽状态。

二是通过应急准备措施，使无法防止的突发环境事件带来的损失降低到最低限度。要健全环境应急预案体系，建设精干实用的环境应急处置队伍，构建环境应急物资储备网络，为应对突发环境事件做好组织、人员、物资等各项应急准备，在突发环境事件发生后，力求能够及时、快速、有效地控制或减缓突发环境案件的发展，最大限度地减轻事件造成的影响及危害。

三 科学统筹原则

环境应急管理工作是一项系统工程，需要在突发环境事件发生的每个阶段制定相应的对策，采取一系列必要措施，包含对突发环境事件事前、事中、事后所有事务的管理。

首先，建立健全"统一领导、综合协调、分类管理、分级负责"的环境应急管理体制。

其次，加快建立协同联动关系，推动企业和地方之间建立协同联动机制，互通信息、共享资源、交流经验、优势互补。

最后，立足实际，有针对性地开展环境应急管理体系建设，不断完善风险防控、应急预案、指挥协调以及政策法律、应急资源等，全面提升环境应急管理基础水平。

第三节 环境应急管理阶段

根据突发环境事件的特点和实际，环境应急强调对潜在突发环境事件实施事前、事中、事后的管理，也可以分为预防、准备、响应和恢复4个阶段。这4个阶段并没有严格的界限，预防与应急准备、监测预警、应急处置与救援、事后恢复与重建等应急管理活动贯穿于每个阶段之中。

一 预防

预防是指为减少和降低环境风险，避免突发环境事件发生而实施的各项措施，主要包括环境风险评估、环境风险源的识别评估、环境风险隐患排查、预测与预警等内容。

一是突发环境事件的预防工作，通过管理和技术手段，尽可能地防止突发环境事件的发生；

二是在假定突发环境事件必然发生的前提下，通过预先采取一定的预防措施，达到降低或减缓其影响或后果的严重程度。

（1）环境风险评估是指对发生的可预测突发事件或事故（一般不包括人为破坏及自然灾害）引起有毒、有害和易燃、易爆等物质泄漏，或突发事件产生的新的有毒、有害物质，所造成的对人身安全与环境的影响和损害，进行评估，提出防范、应急与减缓措施。

（2）环境风险源的识别与评估是指在识别风险源的基础上，进一步对风险源的危险性进行分级，从而有针对性地对重大或特大的风险源加强监控和预警。环境风险源的监控是指在风险源识别与分级的基础上，对环境风险源进行监控及动态管理，特别要对重大风险源进行实时监控。

（3）环境风险隐患排查监管是指为及时发现并消除隐患，减少或防止突发环境事件发生，根据环保法律法规以及安全生产管理等制度的规定，就可能导致突发环境事件发生的物的危险状态、人的不安全行为和管理上的缺陷进行的监督、检查行为。

（4）预测与预警是指通过对预警对象和范围、预警指标、预警信息进行分析研究，及时发现和识别潜在的或现实的突发环境事件因素，评估预测即将发生的突发环境事件的严重程度并决定是否发出警报，以便及时地采取相应预防措施减少突发环境事件发生的突然性和破坏性，从而实现防患于未然的目的。

二　准备

应急准备是指为提高对突发环境事件的快速、高效反应能力，防止突发环境事件升级或扩大，最大限度地减小事件造成的损害和影响，针对可能发生的突发环境事件而预先进行的组织准备和应急保障。

（1）组织准备主要是指根据可能发生突发环境事件的类型，对应急机构职责、人员、技术、装备、设施（备）、物资救援及其指挥与协调等方面预先有针对性地做好组织、部署。应急预案是指针对可能发生的突发环境事件，为确保迅速、有序、高效地开展应急处置，减少人员伤亡和经济损失而预先制定的计划或方案。

（2）应急保障主要是指确保环境应急管理工作正常开展，突发环境事件得到有效预防及妥善处置，人民群众生命财产和环境安全得到充分维护所需的各项保障措施，主要包括政策法律保障、组织管理保障和应急资源保障等要素。政策法律保障指的是建立完善的环境应急法制体系；组织管理保障指的是建立专/兼职的环境应急管理机构并确保一定数量的人员编制；应急资源保障具体包括人力资源保障、装备资源保障和物资资源保障等内容。

三　响应

应急响应是指突发环境事件发生后，为遏制或消除止在发生的突发环境事件时，控制或减缓其造成的危害及影响，最大限度地保护人民群众的生命财产和环境安全，根据事先制定的应急预案，采取的一系列有效措施和应急行动，具体包括事件报告、分级响应、警报与通报、信息发布、应急疏散、应急控制、应急终止等要素。

（1）事件报告是指突发环境事件发生后依照程序及时报告上级和政府部门的行为。

（2）分级响应是指根据突发环境事件的类型，对照突发环境事件的应急响应分级。

（3）信息发布是指在突发环境事件发生后，依照法定程序，及时、准确、有效地向社会受众发布突发环境事件情况、应对状态等方面信息的行为或过程。

（4）应急疏散指在突发环境事件发生后，为尽量减少人员伤亡，将受到威胁的公众紧急转移到安全地带的环境应急管理措施。

（5）应急控制是指在突发环境事件发生时，为尽快消除险情，防止突发环境事件扩大和升级，尽量减小事件造成的损失而采取各种处理处置措施的过程及总和。

（6）应急终止是指应急指挥机构根据突发环境事件的处置及控制情况，宣布终止应急响应状态。

四　恢复

恢复指突发环境事件的影响得到初步控制后，为使生产、工作、生活和生态环境尽快恢复到正常状态所进行的各种善后工作。应急恢复应在突发环境事件发生后立即进行。

（1）突发环境事件环境影响评估包括现状评估和预测评估。现状评估是分析事件对环境已经造成的污染或生态破坏的危害程度。预测评估是分析事件可能会造成的危害，长期环境污染和生态破坏的后果，并提出必要的保护措施。

（2）损害价值评估是对事件造成的危害后果进行经济价值损失评估，便于统计和报告损失情况，并为后续生态补偿、人身财产赔偿做准备。

（3）补偿赔偿是指由事件责任方对受损失的人群加以经济补偿、赔偿，这是体现社会公平、维护社会稳定的重要环节。

（4）应急回顾评估是指对事件应急响应的各个环节存在的问题和不足进行分析和总结经验教训，为改进今后的事件应急工作提供依据。

第四节　环境应急案例

一　某企业成品油管道漏油应急案例

1. 事故经过

2013年9月3日17时22分，调控中心发现SCADA画面显示X县进站压力在5s内由1.298MPa降为"0"，X县站值班人员现场确认进站压力降至"0"，初步怀疑Y县至X县段外管道发生油品泄漏。17时30分，X县站接到当地村民报告，X县站外管道QP069+200m位置因山体滑坡导致管道断裂，出现大量的油品泄漏现象。调控中心进行了紧急工艺处置的同时，向公司领导和相关部门汇报。事故现场见图2-1。

图2-1　事故现场图

2. 应急过程

在层层启动应急预案后，输油管理处立即调集8台挖掘机和抢修设备在现场进行了紧急处置；公司抢维修中心立即应急响应，调集正在沿线检维修作业的专业人员及其他输油管理处的抢维修队赶赴现场支援。公司领导及部门人员于第一时间赶往现场。

在事发之初情况不明的情况下，除第一时间向总部汇报外，考虑到可能引发大量油品泄漏，及时向当地公安、消防、环保、交通等部门报告。组织在抢维修基地的易燃性液体真空强吸装置等抢险机具、物资连夜装车待命；紧急联系某环保公司向现场发运5吨消油剂等防污染扩散物资。

9月3日21点5分，贵阳、昆明抢维队同时到达现场，勘查管道损毁和油品泄漏情况，开挖现场施工便道，并继续挖集油坑和拦油坝。9月4日凌晨2点时，公司党政一把手带领相关人员到达现场，在认真了解察看现场情况后，连夜成立了由总经理为总指挥的事故现场抢险指挥部；同时成立了泄漏油品回收、恢复生产架设临时管道、后勤保障等3个工作组。各工作组在统一指挥下，组织内外应急资源，开展抢险工作。9月4日凌晨至5日中午，各路抢维修人员陆续到位，迅速展开工作，确定应急处置方案后，开展应急抢险和已泄漏油品的回收工作。

3. 事件原因

该成品油管道漏油事件的发生有两大原因：

（1）X县9月2日夜间降暴雨、9月3日白天降中雨，局部降雨量高达116mm，造成距管道25m处正在施工的快速通道发生滑坡；

（2）快速通道施工单位XX路桥工程股份有限公司未按设计要求和标准规范进行施工，施工质量差，造成施工道路在雨水的冲刷下发生滑坡。

4. 事件分析

（1）应急过程突出了突发环境事件系统管理的特点。当事件发生后，公司抢维修中心立即应急响应，调集正在沿线检维修作业的专业人员及其他输油管理处的抢维修队赶赴现场支援，及时向当地公安、消防、环保、交通等部门报告。紧急联系某环保公司向现场发运5吨消油剂等防污染扩散物资。当应急响应时需要大量的人力、财力、物力、信息和技术等资源时，必须依靠和借助全社会资源的共享和互助来保障。

（2）事件暴露环境应急管理未体现以预防为主的原则。事故管道位于X县山地，存在一定的山体滑坡等环境风险。事件的发生除自然灾害等原因外，说明事故企业未有效遵循预防为主原则。

一是未通过管理和技术手段，尽可能地防止突发环境事件的发生；

二是在突发环境事件必然发生的前提下，未预先采取一定的预防措施，达到降低或减缓其影响或后果的严重程度。

（3）应急物资不满足环境应急要求。油罐车调集数量不够，无法跟上抽油的速度；现场应急临时供应的物资不及时，防护服、防护眼镜、防毒面罩等安全防护配备不足；现场通讯的防爆对讲机、防爆手机数量不足。

（4）外管道管理人员风险意识不强，危害识别能力低，危害预判专业知识不足。

二　某企业油库码头漏油应急案例

1. 基本情况

10时30分，两名员工正沿着码头巡检。突然，2米多高的"油柱"喷向空中，作业管线发生爆裂。员工马上向油库主任报告。接到报告的油库主任立即启动油库码头油品泄漏、防水体污染应急预案。

2. 环境应急处置情况

随着警报声响起，各方紧急出动。由18名战斗员组成的驻库消防队，乘坐泡沫消防车和应急物资车赶往现场，由油库员工和联防单位组成的安保警戒组、应急抢险组、后勤保障组也从油库各个方向赶往现场。

消防队员进入码头区域后，用沙袋对泄漏区域进行外围封堵，防止油品大量流入江水，同时在现场铺设水幕水带稀释油气浓度。安保警戒组、应急抢险组、后勤保障组也陆续到达现场，封锁进入油库码头道路，疏导无关人员，放置担架设置医疗点，随时准备抢救伤员。随后，安全员进入现场，检测可燃性气体浓度。测爆仪显示，现场空气浓度值低于爆炸范围下限，抢险人员可以进入。随即，抢修人员进入现场使用抱箍对管线进行简易封堵。

而在不远处的江面上，两艘抢险船到达事故水域，围油栏船在江面上放置围油栏防止油品扩散，清污船投放绳索式收油机对江面油品进行回收，作业人员还向江面投放了吸油毡，喷洒了生物型环保消油剂，清除残留油污，防止二次污染。

管线在封堵完成后，油库清污人员进入码头使用吸油毡吸附泄漏油品。在清理完成后，环保监测人员携带检测仪器，对演练区域的大气和水质分别取样检测，通过数据分析，符合国家和该市环境质量标准。

3. 事故原因

该案例发生的主要原因是油库设备管理和巡查缺失，未及时发现管线破损问题，造成事故发生。

4. 事故分析

该事故充分说明设备日常保养和巡查的重要性，也是真正检验油库应急能力的经典案例。在应急过程中该油库员工启动迅速、处置得当并且技能娴熟，说明平日应急管理工作较为到位，未造成更大的环境影响和损失。

三　某加油站漏油应急案例

1. 基本情况

7月5日22时30分左右，某加油站发生油品泄漏事故，约3000L汽油从加油站地下储存罐泄漏，流向市政排污管道。

2. 环境应急处置情况

7月5日22时31分，消防部门接到油品泄漏的报警后，立即调2个抢险编队，2个灭火编队，8辆消防车、49名官兵赶赴现场处置。

22时42分许，经消防官兵现场侦查、询问和专家测量得知，涉事加油站共有4个地下卧式储存罐，总储量为汽油50000L，柴油25000L，其中泄漏点为地下油管。初步测量发现，已泄漏汽油约3000L，泄漏的油料正沿着下水道流淌。据了解，由于事发地点为老旧城区，加油站设施设备老旧，且地下管网复杂，涉及污水管网、雨水管网、自建房排水管网、通信电路网、供电管网等，泄漏的汽油初步判定已流向市政排污管道。

23时10分左右，现场指挥部要求消防石油化工编队、加油站工作人员、石油化工专家组成联合关阀断料组，立即对4个储罐进行关阀，彻底堵住源头，并定时检测油面高度。同时，立即组织灭火救援分队分别对涉及的污水管网、雨水管网、自建房排水管网灌注泡沫，稀释和覆盖下水道内的汽油。7月6日凌晨2时15分，现场指挥部调来5辆荷载量30t的油罐车，在确保安全的情况下，将加油站剩余油品全部抽走；2时40分，对加油站附近可能存在油料泄漏的下水道冲洗完毕；2时59分，在喷雾水枪掩护下，先后打开加油站东面、北面的所有下水道井盖，由安监部门测量汽油浓度；4时50分，经安监部门反复测量确认，现场已无危险。

3. 事故原因

该案例发生的主要原因是该加油站未安装泄露报警装置，地下油罐不是双层罐且无防渗池，单层罐体老化导致有渗漏点。

4. 事故分析

该加油站未对油罐进行防渗改造，泄漏后也未及时观察液位仪，造成大量油品泄露并流入周边管网，在政府应急力量介入后该环境事故得到有效控制。

第五节 延伸思考

衡量应急预案体系建设水平的标准有四个，即全（覆盖全面）、细（可操作性）、练（经过演练）、改（经常更新）。一个应急预案体系如果能全面体现全、细、练和改着四个方面，就能切实发挥应急预案的作用。经仔细研究，不难发现，现有的应急预案体系并没有完全体现以上几方面内容。具体来说，存在以下4类问题：

一 应急预案编制的主要依据缺乏科学性

预案编制工作是应急救援工作的前提和基础。一旦发生事故，及时启动应急预案，实施有序、科学、有效的救援，可以将事故控制在最小范围之内，把损失降到最低。应急预案制定的主要依据并非建立在结合实际的风险评估基础之上。其内容通常直接来源于法律法规和上级文件。编制者往往只满足于对上述内容的简单梳理、排列组合甚至重复、抄袭，而缺少对实践经验与教训的总结提炼，以及与同类预案的比对，更谈不上通过实战演练实现预案的循环更新。

二 应急预案的内容规定比较粗略

一个完备的应急预案，应当详细地规范以下四方面内容——明确问题及等级，确定目标和任务，做好方案的执行规划，做好各种预算等。

现有的应急预案，在"确定问题及等级"方面都做了较为详细的规定；在"确定目标和任务"方面，总体目标规定较为详细，而对于细化目标领域和关键目标领域的规定就显得较为粗糙，甚至有些预案干脆没有规定。绝大多数预案规定了"执行方案"，但并不是可供选择的"多种"执行方案；在"方案的执行规划"方面，并未明确规定执行计划的具体方法或方法体系；在"做好各种预算"方面，虽然也做了一些规定，但不够细化，不够具体。

三　应急预案的可操作性较差

应急预案作为应对可能发生的突发事件的计划或方案，其最大的特点在于可操作性。纵观现有的应急预案，因其制定的主要依据并非建立在结合实际的风险评估基础之上，而是主要依据有关法律的规定和文件，绝大多数的预案内容只是对上述内容的简单梳理、排列组合甚至重复、抄袭，因而预案的针对性、可操作性较差。

四　应急预案内容更新缓慢

应急预案是为了控制突发事件的发生和扩大而制定的，应根据实践和演练的成果以及各单位具体情况的变化，及时调整和修订预案内容，以使其更加具有指导性、针对性和实效性。许多的应急预案在制定完成后就被束之高阁，更谈不上更新。有的单位虽然对应急预案进行了更新，但仅仅是基于上级的行政命令，而并非情境的变化；有的应急预案有更新，但仅仅是偶尔有所更新，总体上更新还比较缓慢和滞后。

思考题

1．环境应急管理具有各类应急管理的共性特点，但也有区别于其他应急管理的特点，请列举环境应急管理的特点。

2．请列举本企业环境应急预案存在的突出问题。

第三章

环境应急
预案编制

应急预案又称应急救援预案或应急计划，是为提高处置突发事件的能力，最大限度地预防和减少突发事件及其造成的损害，保障公众的生命财产安全，维护社会稳定，依据有关法律、法规，制定突发事件应对的原则性方案。它提供突发事件应对的标准化反应程序，是突发事件处置的基本规则和应急响应的操作指南。

要点导图内容:

- 企业环境应急预案内容
- 编写注意事项
  - 注重针对性
  - 注重完整性
  - 注重操作性
  - 注重规范性
  - 注重实效性
- 编制常见问题
  - 事件分级问题
  - 单位基本情况问题
  - 污染物问题
  - 应急组织问题
  - 应急监测问题
  - 应急物资问题
  - 现场处置问题

突发环境应急预案编制

- 预案分类
  - 责任主体分类
  - 事件类型分类
  - 对象和级别分类
  - 范围和功能分类
- 编制原则
- 编制过程
  - 成立编写小组
  - 风险分析和应急能力评估
  - 编写预案
  - 评审与发布
  - 预案实施
- 框架结构
  - 基本预案
  - 应急功能设置
  - 特殊风险分预案
  - 应急标准化操作

应急预案，又称应急计划，是针对可能发生的突发事件，为保证迅速、有序、有效地开展应急与救援行动，降低人员伤亡和经济损失而预先制定的有关计划或方案。它在辨识和评估潜在的重大危险、事件类型、发生的可能性及发生过程、事件后果及影响严重程度的基础上，针对具体设施、场所和环境，对应急机构及其职责、人员、技术、装备、设施（备）、物质、救援行动及其指挥及协调等方面预先作出的科学、有效的计划和总体安排。它明确了在突发事件发生之前、过程中及刚刚结束之后，谁负责做什么、何时做，以及相应的策略和资源准备等。

　　突发环境事件应急预案，是针对可能发生的突发环境事件，为确保迅速、有序、高效地开展应急处置，控制、减轻和消除环境危害，减少人员伤亡和经济损失而预先制定的计划或方案。

　　应急预案的作用要体现在：提供突发事件发生后应急处置的总体思路、工作原则和基本程序与方法；规定突发事件应急管理工作的组织指挥体系与职责，给出组织管理流程框架、应对策略选择标准以及资源调配原则；确定突发事件的预防和预警机制、处置程序、应急保障措施以及事后恢复与重建措施；明确在突发事件事前、事发、事中、事后的职责与任务，以及相应的策略和资源准备；指明各类应急资源的位置和获取方法，减少混乱使用带来的处置不当或资源浪费，使突发事件的应对具有成效。

第一节　突发环境事件应急预案分类

　　根据不同划分标准，或者应急预案管理对象的不同，突发环境事件应急预案可以四种方式分类。

一　按照责任主体分类

　　按照不同的责任主体，我国预案体系设计为国家总体应急预案、专项应急预案、部门应急预案、地方应急预案、企事业单位应急预案、临时应急预案（重大集会、重点工程等）六个层次。《国家突发公共事件总体应急预案》是全国应急预案体系的总纲，规定了国务院应对重大突发公共事件的工作原则、组织体系和运行机制，对指导地方各级政府和各部门有效处置突发公共事件，保障公众生命财产安全，减少灾害损失，具有重要作用。

二　按照事件发生类型分类

按照事件发生类型，应急预案可分为自然灾害、事故灾难、公共卫生事件和社会安全事件四类预案。自然灾害主要包括水旱灾、气象灾害、地震灾害、地质灾害、生物灾害和森林火灾等；事故灾害主要包括矿商贸企业的各类安全事故、交通运输事故、火灾事故、危险化学品泄漏、公共设施和设备事故、核与辐射事故、环境污染破坏事件等；公共卫生事件主要包括发生传染病疫情、群体性不明原因疾病、食品安全和职业危害、动物疫情，以及其他严重影响公共健康和生命安全的事件；社会安全事件主要包括各类恐怖袭击事件、民族宗教事件、经济安全事件、涉外突发事件和群体性事件等。

三　按照预案对象和级别分类

根据事故应急预案的对象和级别，应急预案可分为下列四种类型：应急行动指南或检查表、应急响应预案、互助应急预案、应急管理预案。

（1）应急行动指南或检查表。针对已辨识的危险采取特定的应急行动。简要描述应急行动必须遵从的基本程序，如发生情况向谁报告，报告什么信息，采取哪些应急措施。这种应急预案主要起提示作用，对相关人员要进行培训，有时将这种预案作为其他应急预案的补充。

（2）应急响应预案。针对现场每项设施和场所可能发生的事故情况编制的应急响应预案，如化学泄漏事故的应急响应预案、台风应急响应预案等。应急响应预案要包括所有可能的危险状况，明确应急人员在紧急状况下的职责。这类预案仅说明处置紧急事务所必需的行动，不包括事前要求（如培训、演习等）和措施。

（3）互助应急预案。为相邻企业在事故应急处理中共享资源、相互帮助制定的应急预案。这类预案适合资源有限的中、小企业以及高风险的大企业。

（4）应急管理预案。应急管理预案是综合性的事故应急预案，这类预案应详细描述事故前、事故过程中和事故后何人做何事、何时做、如何做。这类预案要明确完成每项职责的具体实施程序。

四 按照预案适用范围和功能分类

按照应急预案适用范围和功能，应急预案又可划分为综合预案、专项预案和现场预案以及单项预案。

1. 综合预案

综合预案也是总体预案，是预案体系的顶层设计，从总体上阐述应急方针、政策、应急组织结构及相应的职责，应急行动的总体思路等。通过综合预案可以很清晰地了解应急体系基本框架及预案的文件体系。

2. 专项预案

专项预案是针对某种特定类型的紧急事件，如危险物质泄漏和某类自然灾害等的应急响应而制定。专项预案是在综合预案的基础上充分考虑某特定危险的特点，对应急的形式、组织机构、应急活动等进行更具体的阐述，具有较强的针对性。

3. 现场预案

现场预案是在专项预案的基础上，根据具体情况需要而编制，针对特定场所，通常是风险较大场所或重要防护区域等所制定的预案。例如，在危险化学品事故专项预案下编制的某重大风险源的场内应急预案等。现场预案具有更强的针对性，对指导现场具体救援活动的操作性更强。

4. 单项预案

单项预案是针对公众聚集活动（如经济、文化、体育、民俗、娱乐、集会等活动）和高风险的建设活动制定的临时性应急行动方案。预案内容主要是针对活动中可能出现的紧急情况，预先对相关应急机构的职责、任务和预防性措施做出的安排。

第二节　编制基本过程

一　编制原则

编制应急预案，必须建立在重点危险源的调查及风险评估的基础上，要遵循以下几个基本原则：

（1）坚持以人为本。加强环境事件危险源的监测、监控，建立环境污染事件风险防范体系，积极预防、及时控制、消除隐患，提高环境污染事件防范和处理能力，减少环境事件后的中长期影响，尽可能消除或减轻突发环境事件及其负面影响，最大限度地保障公众健康，保护人民生命和财产安全。

（2）坚持统一领导，分类管理，分级响应。在统一领导下，加强部门之间协同与合作，提高快速反应能力。针对环境污染、生态环境破坏、污染扩散的特点及其影响的范围和程度，实行分类管理、分级响应，充分发挥部门专业优势。

（3）坚持预防为主。加强日常的环境管理工作，做到事前能及时地发现事件的隐患，事件发生时能指导应急和救援行动，事后能跟踪监视污染物中长期的迁移扩散与转化及其环境影响。

（4）充分利用现有资源。积极做好应对突发环境事件的思想准备、物资准备、技术准备、工作准备，加强培训演练，充分利用现有专业环境应急救援力量，整合环境监测网络，引导、鼓励实现一专多能，发挥经过专门培训的环境应急救援力量的作用。

二　编制的基本过程

应急预案的编制过程一般分为以下五个步骤。

（一）成立预案编制小组

企业成立以企业主要负责人为领导的应急预案编制工作组，针对可能发生的事件类别和应急职责，结合企业部门职能分工抽调预案编制人员。预案编制人员应来自企业相关职能部门和专业部门，包括应急指挥、环境风险评估、生产过程控制、安全、组织管理、监测、消防、工程抢险、医疗急救、防化等各方面的专业人员和企业内部、外部专家。预案编制工作组应进行职责分工，制定预案编制任务和工作计划。

（二）风险分析和应急能力评估

风险分析是应急预案编制的基础。风险分析要结合本单位实际，识别可能发生的突发事件类型，排查事故隐患的种类和分布情况，分析突发事件造成破坏的可能性，以及可能导致的破坏程度。分析结果不仅有助于确定应急工作重点，提供划分预案编制优先级别的依据，而且也为应急准备和应急响应提供必要的信息和资料。风险分析包括危险识别、脆弱性分析和风险评估。

（三）编写应急预案

应急预案的编制必须基于重大事件风险的分析结果、参考应急资料需求和现状以及有关法律、法规的要求。此外，预案编制时应充分收集和参阅已有的应急预案，以尽可能地减小工作量和避免应急预案的重复和交叉并确保与其他相关应急预案的协调和一致。

（四）应急预案评审与发布

为保证应急预案的科学性、合理性以及与实际情况的符合性，应急预案必须经过评审，包括组织内部评审和专家评审，必要时请上级应急机构进行评审。应急预案经过评审通过和批准后，按有关程序，由本单位主要负责人签署后进行正式发布，并按规定报送上级政府有关部门和应急机构备案。

（五）应急预案实施

预案的实施是应急管理的重要工作。应急预案实施包括开展预案宣传、进行预案培训，落实和检查各个有关部门职责、程序和资源准备，组织预案演练，真正将应急预案所规定的要求落到实处。应急预案应及时进行修改、更新和升级，尤其在每一次演练和应急响应后，应认真进行评估和总结，针对实际情况的变化以及预案中所暴露出的缺陷，不断地更新和完善，以持续地改进应急预案文件体系。

突发环境事件应急预案编制过程详见图3-1。

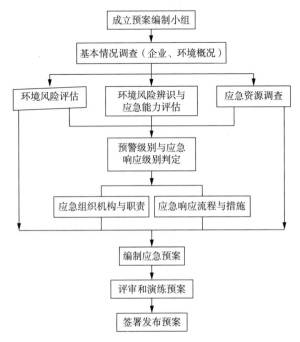

图3-1　突发环境事件应急预案编制过程图

第三节　总体框架结构

应急预案是应急体系建设的重要组成部分，应该有完整的系统设计、标准化的文本文件、行之有效的操作程序和持续改进的运行机制。无论哪一种应急预案，基本结构采用"1+3"的结构模式，即一个基本预案加上应急功能设置、特殊风险分预案、标准操作程序三个分预案。

一　基本预案

基本预案也称"领导预案"，是应急反应组织结构和政策方针的综述，还包括应急行动的总体思路和法律依据，制定和确认各部门在应急预案中的责任。其主要包括最高行政领导承诺、发布令、基本方针政策、主要分工职责、任务与目标、基本应急程序等。基本预案是对公众发布的文件。《国家突发公共事件总体应急预案》和《国家突发环境事件应急预案》就是我国应对突发公共安全事件和突发环境事件的基本预案。

基本预案可以使政府和企业高层领导能从总体上把握突发事件应急的有关情况，了解应急准备状况，同时也为制定其他应急预案如标准化操作程序、应急功能设置等提供框架和指导。基本预案包括以下11项内容：

（一）预案发布令

组织或机构第一负责人为预案签署发布令，援引国家、地方、上级部门相应法律和规章的规定，宣布应急预案生效。发布令的签署主要是为了明确实施应急预案的合法授权，保证应急预案的权威性。

在预案发布令中，组织或机构第一负责人应标明其对应急管理和应急救援处置的支持，并督促各应急部门完善内部应急响应机制，制定标准操作程序，积极参与培训、演习和预案的编制更新等。

（二）应急机构署名

在应急预案中，应有包括各有关应急部门和外部机构及其负责人的署名页，表明各应急部门和机构对应急预案编制的参与和认同，以及履行承担职责的承诺。

（三）术语和定义

应列出应急预案中主要明确的术语和定义的解释和说明，以便使各应急人员准确地把握应急有关事项，避免产生歧义和因理解不一致而导致应急时出现混乱等现象。

（四）相关法律法规

基本预案中应列出明确要求制定应急预案的国家、地方及上级部门的法律法规和规定，有关重大事故应急的文件、技术规范和指南性材料及国际公约，作为制定应急预案的根据和指南，以使应急预案更有权威性。

（五）方针与原则

列出应急预案所针对的事故（或紧急情况）类型、适用的范围和救援的任务，以及应急管理和应急救援处置的方针和指导原则。方针与原则应体现应急救援的优先原则。如保护人员安全优先，防止和控制事故蔓延优先，保护环境优先。此外，方针原则还应体现事故损失控制、沟通协调，以及持续改进的思想，同时还要符合行业或企业实际。

（六）风险分析与环境综述

列出应急工作面临的潜在重大风险及后果预测，给出区域的地理、气象、人文等有关环境信息，具体包括以下几方面。

（1）主要危险物质及环境污染因子的种类、数量及特性；

（2）重大风险源的数量及分布；

（3）危险物质运输路线分布；

（4）潜在的重大事故、灾害类型、影响区域及后果；

（5）重要保护区域的划分与分布情况；

（6）可能影响应急救援处置工作的不利条件，影响救援处置的不利条件包括突发事件发生时间、发生当天的气象条件（温度、湿度、风向、降水）、临时停水、停电、周围环境、邻近区域同时发生事故。

（七）应急资源

这部分应对应急资源作出相应的管理规定，并列出应急资源装备的总体情况，包括：应急力量的组成、应急能力；各种应急设施、设备、物资的准备情况；上级救援机构或相邻可用的应急资源。

（八）机构与职责

应列出所有应急部门在突发事件应急救援处置中承担职责的负责人。在基本预案中只要描述出主要职责即可，详细的职责及行动在标准化操作程序中会进一步描述。所有部门和人员的职责应覆盖所有的应急功能。

（九）教育、培训与演习

为全面提高应急能力，应对应急人员培训、公众教育、应急和演习作出相应的规定，包括内容、计划、组织与准备、效果评估、要求等。

（1）应急人员的培训内容包括：如何识别危险、如何采取必要的应急措施、如何启动紧急警报系统、如何进行事件信息的接报和报告、如何安全疏散人群等。

（2）公众教育的基本内容包括：潜在的重大风险、突发事件的性质与应急特点、事故警报与通知的规定、防护知识、撤离的组织、方法和程序；在污染区或危险区行动时必须遵守的规则；自救与互救的基本常识。

（3）应急演习的具体形式既可以是桌面演习，也可以是实战模拟演习。按演习的规模可以分为单项演习、综合演习和伞桌面演习。

（十）与其他应急预案的关系

列出本预案可能用到的其他应急预案（包括当地政府预案及签订互助协议机构的应急预案），明确本预案与其他应急预案的关系，如本预案与其他预案发生冲突时，应如何解决。

（十一）互助协议

列出不同政府组织、政府部门之间、相邻企业之间或专业应急救援机构等签署的互助协议，明确可提供的帮助力量（消防、医疗、检测）、物资、设备、技术等。

二　应急功能设置

应急功能设置分预案中要明确从应急准备到应急恢复全过程的每一个应急活动中，各相关部门应承担的责任。每个单位的应急功能要以分类条目和单位功能矩阵表来表示，还要以部门之间签署的协议书来具体落实。

　　一般来说，依据突发事件风险的严重性和可能导致的事故类型，应急功能主要包括：接警与通知、指挥与控制、警报与紧急公告、通信、生态监测与评估、警戒与管制、人员疏散、人群安置、医疗与卫生、公共关系、应急人员安全、消防抢险、现场处置、现场恢复等。所有的应急功能都要明确"做什么""怎么做"和"谁来做"。

（一）接警与通知

　　准确了解突发事件的性质和规模等初始信息，是决定启动应急救援的关键。接警作为应急响应的第一步，必须对接警与通知要求作出明确规定。

　　（1）应明确24小时报警电话，建立接警和突发事件通报程序；

　　（2）列出所有的通知对象及电话，将突发事件信息及时按对象及电话清单通知；

　　（3）接警人员必须掌握的情况有：突发事件发生的时间与地点、种类、强度等基础信息；

　　（4）接警人员在掌握基本情况后，立即通知领导层，报告突发事件情况，以及可能的应急响应级别；

　　（5）通知上级机构。

（二）指挥与控制

　　重大环境污染事件的应急救援往往涉及多个救援部门和机构，因此，对应急行动的统一指挥和协调是有效开展应急救援的关键。建立统一的应急指挥、协调和决策程序，便于对事故进行初始评估，确认紧急状态，从而迅速、有效地进行应急响应决策，建立现场工作区域，指挥和协调现场各救援队伍开展救援行动，合理、高效地调配和使用应急资源等。该应急功能应明确：

　　（1）现场指挥部的程序；

　　（2）指挥的职责与权力；

　　（3）指挥系统（谁指挥谁、谁配合谁、谁向谁报告）；

　　（4）启用现场外应急队伍的方法；

　　（5）事态评估与应急决策的程序；

　　（6）现场指挥与应急指挥部的协调。

（三）警报和紧急公告

当事故可能影响到事发地周边企业或居民区时，应及时启动警报系统，向公众发出警报，同时通过各种途径向公众发出紧急公告，告知事故性质、对人体健康的影响、自我保护措施、注意事项等，以保证公众能够及时做出自我防护响应。在决定实施疏散时，通过紧急公告确保公众了解疏散的有关信息，如疏散时间、路线、随身携带物、交通工具及目的地等。

（四）通信

通信是应急指挥、协调和与外界联系的重要保障。在现场指挥部，各应急救援部门、机构，新闻媒体，政府，以及外部救援机构之间，必须建立完善的应急通信网络，在应急救援过程中应始终保持通信网络畅通，并设有备用通信系统。该应急功能要求：

（1）建立应急指挥部、现场指挥、各应急部门、外部应急机构之间的通信方法，说明主要使用的通信系统、通信联络电话等；

（2）定期维护通信设备、通信系统和通信联络电话，以确保应急时所使用的通信设备完好和应急号码为最新状态；

（3）准备在必要时启动备用通信系统。

（五）监测与事态评估

在应急响应过程中必须对事件的发展势态及影响及时进行动态的监测，建立对事故现场及场外的监测和评估程序。事态监测在应急救援中起着非常重要的决策、支持作用，其结果不仅是控制事故现场，制定消防、抢险措施的重要决策依据，也是划分现场区域、保障现场应急人员安全、实施公众保护措施的重要依据。即使在现场恢复阶段，也应当对现场和环境进行监测。在该应急功能中应明确：

（1）由谁来负责监测评估活动；

（2）监测仪器设备及现场监测方法的准备；

（3）实验室化验及检验支持；

（4）监测点的设置及现场工作和报告程序。

监测与评估一般由事故现场指挥和技术负责人或专业环境监测的技术队伍完成，

应将监测评估结果及时传递给应急总指挥，为制定下一步应急方案提供决策依据。在对危险物质进行监测时，一定要考虑监测人员的安全，到事故影响区域进行检测时，监测人员要穿上防护服。

（六）警戒与治安

为保障现场应急救援工作的顺利开展，在事故现场周围建立警戒区域，实施交通管制，维护现场治安秩序是十分必要的。要防止与救援无关人员进入事故现场，保障救援队伍、物资运输和人群疏散等的交通畅通，并避免发生不必要的伤亡。该项功能的具体职责包括：

（1）实施交通管制，对危害区外围的交通路口实施定向、定时封锁，严格控制进出事故现场人员，避免出现意外的人员伤亡或引起现场的混乱；

（2）指挥危害区域内车辆的顺利通行，指引不熟悉地形和道路情况的应急车辆进入现场，及时疏通交通堵塞；

（3）维护撤离区和人员安置场所的社会治安，打击各种犯罪分子；

（4）除上述职责以外，警戒人员还应该协助发出警报、现场紧急疏散、人员清点、传达紧急信息，以及事故调查等。

该职责一般由公安部门或企业保安人员负责，由于警戒人员往往是第一个到达现场，因此，对危险物质事故有关知识必须进行培训，并列出警戒人员的个体防护准备。

（七）人员疏散与安全避难

人群疏散是减少人员伤亡扩大的关键，也是最彻底的应急响应。事故的大小、强度、爆发速度、持续时间及其后果严重程度，是实施人群疏散应予考虑的一个重要因素，它将决定撤离人群的数量、疏散的可用时间及确保安全的疏散距离。对人群疏散所作的规定和准备应包括：

（1）明确谁有权发布疏散命令；

（2）明确需要进行人群疏散的紧急情况和通知疏散的方法

（3）列举疏散的位置；

（4）对疏散人群数量及疏散时间的预测；

（5）对疏散路线的规定：①对需要特殊援助的群体的考虑，如学校、幼儿园、医院、养老院，以及老人、残疾人等；②在紧急情况下，根据事故的现场情况也可以选择现场安全避难方法。疏散与避难一般由政府组织进行，但企业、社区或政府部门必须事先做好准备，积极与地方政府主管部门合作，保护公众免受紧急事故危害。环境保护部门利用其在环境监测方面的技术力量，为人员疏散与避难安置地进行风险分析和确认。

（八）医疗与卫生

及时、有效的现场急救和转送医院治疗，是减少事故现场人员伤亡的关键。在该功能中应明确针对可能发生的重大事故，为现场急救、伤员运送、治疗等所作的准备和安排，或者联络方法，包括：

（1）可用的急救资源列表，如急救医院、救护车和急救人员；

（2）抢救药品、器械、消毒、解毒药品等供给；

（3）建立与上级或属地医疗机构的联系与协调，包括危险化学品应急抢救中心、毒物控制中心等；

（4）建立对受伤人员进行分类急救、运送和转送医院的标准操作程序；

（5）记录汇总伤亡情况，通过公共信息机构向新闻媒体发布受伤、死亡人数等信息。

（九）公共关系

在突发事件发生后，不可避免地会引起新闻媒体和公众的关注，应将有关事故或事件的信息、影响和救援工作的进展、人员伤亡情况等及时向媒体和公众公布，以消除公众的恐慌心理，避免公众的猜疑和不满。该应急功能应明确：

（1）信息发布审核和批准程序，保证发布信息的统一性；

（2）确定新闻发言人，适时举行新闻发布会，准确发布事故信息，澄清事故传言。

此项功能的负责人应该定期举办新闻发布会，提供准确信息，避免错误报道。当没有进一步信息时，应该让人们知道事态正在调查，将在下次新闻发布会通知媒体，不应回避或掩盖事实真相。

（十）应急人员安全

重大事件尤其是涉及危险物质的重大事件的应急处置救援工作危险性极大，必须对应急人员自身的安全问题进行周密的考虑，包括安全预防措施、个体防护设备、现场安全等，明确紧急撤离应急人员的条件和程序，保证应急人员免受事故的伤害。

应急响应人员自身的安全是重大环境污染事件应急预案应予以考虑的重要因素。在该应急功能中，应明确保护应急人员安全所做的准备和规定，包括：

（1）应急队伍或应急人员进入和离开现场的程序，包括指挥人员与应急人员之间的通信方式，及时通知应急救援人员撤离危险区域的方法，以避免应急救援人员承受不必要的伤害；

（2）根据事故的性质，确定个体防护等级，合理配备个人防护设备，如配备自持式呼吸器等。此外，在收集到事故现场更多的信息后，应重新评估所需的个体防护设备，以确保正确选配和使用个体防护设备；

（3）应急人员消毒设施及程序：对应急人员有关保证自身安全的培训安排，包括在紧急情况下正确辨识危险性质与合理选择防护措施的能力培训，正确使用个体防护设备等。

（十一）消防及抢险

消防与抢险在重大事故应急救援中对控制事态的发展起着决定性的作用，承担着火灾扑救、救人、破拆、重要物资转移与疏散等重要职责。该应急功能应明确：

（1）消防、事故责任部门等的职责任务；

（2）消防抢险的指挥与协调；

（3）消防及抢险力量情况；

（4）可能的重大事故地点的供水及灭火系统情况；

（5）针对事故的性质，拟采取的扑救和抢险对策及方案；

（6）消防车、供水方案或灭火剂的准备；

（7）破拆、起重（吊）等大型设备的准备；

（8）搜寻和营救人员的行动措施。搜寻和营救行动通常由消防队执行，如有人员受伤、失踪或困在建筑物中，就需要启动搜寻和营救行动。

（十二）现场处置

在危险物质泄漏事故中，泄漏物的控制及现场处置工作对防止环境污染，保障现场安全，防止事故影响扩大都是至关重要的。泄漏物控制包括泄漏物的围堵、回收和洗消去污。

在泄漏物控制过程中，始终坚持"救人第一"的指导思想，积极抢救事故区受伤人员，疏散受威胁的周围人群到达安全地点，将受伤人员送往医疗机构。

应急总指挥在处置过程中要始终掌握事故现场的情况。在可能发生重大突变情况时，应急总指挥要果断作出强攻或转移撤离的决定，以避免更大的伤亡和损失。

（十三）现场恢复

现场恢复是指将事故现场恢复到相对稳定、安全的基本状态。在所有火灾已被扑灭、没有点燃危险存在，所有气体泄漏物质已被隔离、剩余气体被驱散、环境污染物被消除，满足于现场恢复规定的条件时，应急总指挥才可以宣布结束应急状态。

当应急结束后，应急总指挥应该委派恢复人员进入事故现场，清理重大破坏设施，恢复被损坏的设备和设施，清理环境污染物处置后的残余等。

在应急结束后，事故区域还可能存在危险，如残留有毒物质、可燃物继续爆炸、建筑物结构受到冲击而倒塌等。因此，还应对事故及受影响区域进行检测，以确保恢复期间的安全。环保监测部门的监测人员应该确定受破坏区域的污染程度或危险性。如果此区域可能给相关人员带来危险，安全人员要采取一定的安全措施，包括发放个人防护设备、通知所有进入人员有关受破坏区的安全限制等。

事故调查主要集中在事故如何发生及为何发生等方面。事故调查的目的是找出操作程序、工作环境或安全管理中需要改进的地方，评估事故造成的损失或环境危害等，以避免事故再次发生。一般情况下，需要成立事故调查组。

三　特殊风险分预案

特殊风险分预案管理是主要针对具体突发和后果严重的特殊危险事故或突发事件及在特殊条件下的事故应急响应而制定的指导程序。特殊风险管理具体内容根据不同事故或事件情况设置，除包括基本应急程序的行动内容外，还应包括特殊事故或事件的特殊应急行动。

特殊风险分预案是在公共安全风险评估的基础上，进行可信的不利场景的危险分析，提出其中若干类不可接受风险。根据风险的特点，针对每一特殊风险中的应急活动，制定相应的特殊风险管理内容。对于突发环境事件中的危险性较大、影响程度较严重的场景，如剧毒化学品的泄漏等，需要制定特殊的风险处置预案。

四　应急标准化操作

标准操作程序（Standard Operation Procedures，SOPs)是对"基本预案"的具体扩充，说明各项应急功能的实施细节，其程序中的应急功能与"应急功能设置"部分协调一致，其应急任务符合"特殊风险管理"的内容和要求，并对"特殊风险"的应急流程和管理进一步细化。同时，SOPs内设计的一些具体技术资料信息等可以在"支持附件"部分查找，以供参考。由此可见，应急预案中的各部分相互作用、相互补充，构成了一个有机整体。标准操作程序是综合预案中不可缺少的最具可操作性的部分，是应急活动不同阶段如何具体实施的关键指导文件。

应急标准化操作程序主要是针对每一个应急活动执行部门，在进行某几项或某一项具体应急活动时所规定的操作标准。这种操作标准包括一个操作指令检查表和对检查表的说明，一旦应急预案启动，相关人员可按照操作指令检查表逐项落实行动。应急标准化操作程序是编制应急预案中最重要和最具可操作性的文件，它解决在应急活动中"谁来做""如何做"和"怎样做"的一系列问题。突发事件的应急活动需要多个部门参加，应急活动是由多种功能组成的，所以每一个部门或功能在应急响应中的行动和具体执行的步骤要有一个程序来指导。事故发生是千变万化的，会出现不同的情况，而应急的程序是有一定规律的，标准化的内容和格式确保在错综复杂的事故中不会造成混乱。一些成功的救援多是因为制定了有效的应急预案，才使事故发生时可以做到迅速报警，通信系统及时传达有效信息，各个应急响应部门职责明确，分工清晰，做到忙而不乱，在复杂的救援活动中井然有序。

SOPs应明确应急功能，应急活动中的各自职责，明确具体负责部门和负责人。还应明确在应急活动中具体的活动内容，具体的操作步骤，并应按照不同的应急活动过程来描述。

一般地，一个SOPs的基本要求有如下五方面内容。

（一）可操作性

SOPs就是为应急组织和人员提供的详细、具体的应急指导，必须具有可操作性。SOPs应明确标准操作程序、执行任务的主题、时间、地点、具体的应急行动、行动步骤和行动标准等，使应急组织或个人参照SOPs都可以高效、高速地开展应急工作，而不会受到紧急情况的干扰导致手足无措，出现错误的行为。

（二）协调一致性

在应急救援过程中会有不同的应急组织或应急人员参与，并承担不同的应急职责和任务，开展各自的应急行动，因此SOPs在应急功能、应急职责及与其他人员配合方面，必须要考虑之间的接口，应与基本预案的要求、应急功能设置的规定、特殊风险预案的应急内容、支持附件提供的信息资料以及与其他SOPs协调一致。

（三）针对性

应急救援活动因突发事件发生的种类、地点和环境、事件、事故演变过程等因素而产生差异性，SOPs是根据特殊风险管理部分对特殊风险的状况描述和管理要求，结合应急组织或个人的应急职责和任务而编制对应的程序。每个SOPs必须紧紧围绕应急功能和任务来描述应急行动的具体实施内容和步骤，要有针对性。

（四）连续性

应急救援活动包括应急准备、初期响应、应急扩大、应急恢复等阶段，是连续的过程。为了使指挥应急组织或人员能在整个应急过程中发挥其应急作用，SOPs必须具有连续性。随着事态的发展，参与应急的组织和人员会发生较大变化，也要求SOPs体现其应急功能的连续性。

（五）支持附件

应急活动的各个过程中的任务实施都要依靠支持附件的配合和支持。这部分内容最全面，是应急的支持体系。支持附件的内容很广泛，一般应包括：组织机构附件、法律法规附件、通信联络附件、资料数据库、技术支持附件、协议附件、通报方式附件和重大环境污染事故处置措施附件。

第四节　企业突发环境事件应急预案内容

一　人员职责

　　企业环境应急预案遵循上述同样的编制程序。成立编制小组，明确各编制人员职责；开展本单位的基本情况调查，包括原料、生产工艺、危险废物运输和处置方式等内容，除此之外，还需要开展对单位周边环境状况及环境保护目标情况的调查，并且按照《建设项目环境风险评估技术导则》(HJ 169—2018)的要求进行环境风险评估，评估环境应急能力，如救援队伍，应急救援物资器材等。编制完成后，要进行评审，发布并抄送有关部门备案。主要包括总则、基本情况、环境风险识别、环境风险评估、组织机构及职责、预防与预警、应急报告与通报、应急响应与措施、后期处置、应急培训与演习、奖惩、保障、评审发布与更新、实施与生效时间、附件等内容。

二　基本情况

　　基本情况中主要阐述企业(或事业)单位基本概况、环境风险源基本情况、周边环境状况及环境保护调查结果，环境风险源与环境风险评估中主要阐述企业(或事业)单位的环境风险源识别及环境风险评估结果，以及可能发生事件的后果和波及范围。

　　组织机构及职责中除了明确指挥机构的组成外，更要明确成立的机构职责，如负责应急物资的储备、组织应急预案的评审、更新和演习，负责协调现场相关处置工作等。

　　预防与预警中要明确对环境风险源监测监控的方式、方法，以及采取的预防措施，例如明确事件预警的条件、方式、方法；24小时有效的报警装置，24小时有效的内部、外部通信联络手段；运输危险化学品、危险废物的驾驶员、押运员报警及与本单位、生产厂家、托运方联系的方式。

　　信息报送与通报要明确企业内部报告程序，主要包括：24小时应急值守电话、接收、报告和通报程序；当事件已经或可能对外环境造成影响时，明确上报地方人民政府报告事件信息的流程、内容和时限；明确事件报告内容；应包括事件发生的时间、地点、类型和排放污染物的种类、数量、直接经济损失、采取的应急措施，已污染的范围，潜在的危害程度，转化方式及趋向，可能受影响区域及采取的措施建议等。

　　应急响应与措施中，根据污染物的性质，事件类型、严重程度和影响范围，需确定以下内容：①明确切断污染源的基本方案；②明确防范污染物外部扩散的设施、措施及启动程序，特别是为防止消防废水和事件废水进入外环境而设立的环境应急池的启用程序，包括污水排放口和雨（清）水排放口的应急阀门开合相应程序；③明确减少与消除污染物的技术方案；④明确事件处理过程中产生的次生衍生污染（如消防水、事故废水、固态液态废物尤其是危险废物）的消除措施；⑤应急过程中使用的药剂；⑥应急过程中，在生产环节所采用的应急方案及操作程序；工艺流程中可能出现问题的解决方案；事件发生时紧急停车停产的基本程序；控险、排险、堵漏、输转的基本方法；⑦污染治理设施的应急措施；⑧危险物的隔离：事件现场隔离的划定方式；事件现场隔离方法；⑨明确事件现场人员清点、撤离的方式及安置地点；⑩明确应急人员进入、撤离事件现场的条件、方法；⑪明确救援方式及安全保护措施；⑫明确应急救援队伍的调度及物资保障供应程序。

三　培训内容

　　应急培训应明确如下内容：①应急救援人员的专业培训内容和方法；②应急指挥人员、监测人员机等特别培训的内容和方法；③员工环境应急基本知识培训的内容和方法；④外部公众（周边企业、社区、人群聚集区等）环境应急基本知识宣传的内容和方法；⑤应急培训内容、方式、记录、考核表。应急演习中要明确演练的内容、方式、范围和频次，并做好演练的评估、总结。附件中则要将有关内容列明。如风险评估文件（包括环境风险源分析评估过程、突发环境事件的危害性定量分析）；危险废物登记文件及委托处理合同；区域位置及周边环境保护地区分布、位置关系图、重大环境风险源、应急设施（备）、应急物资储备分布、雨水、清污水收集管网、污水处理设施平面布置图；企业（或事业）单位周边区域道路交通图、疏散路线、交通管制示意图。内部应急人员的职责、姓名、电话清单；外部（政府有关部门、园区、救援单位、专家等）联系单位、人员、电话；各种制度、程序、方案等。

第五节　预案编写注意事项

一　注重针对性

尽管应急预案种类多样，但根据实际情况，按照不同的责任主体，应急预案大体分为总体应急预案和专项应急预案。各类应急预案的功能和作用不同，预案编制的要求也各异，所以必须注意其针对性。

二　注重完整性

一个完整的应急预案应当充分体现：对突发事件各环节的工作，明确突发事件预防、处置、恢复的全过程。在预案内容上，应具备基本要素，符合政策要求，不断吸收成功经验，采取科学方法，还应该充分体现自身特色，注意预案的完整性。

三　注重操作性

制定应急预案首先要做到明确，明确体现在突发事件应对处置的各环节工作。其次，要做到实用，制定应急预案就是要实际管用，所以一定要从实际出发，还要体现一定的灵活性。最后，应急预案的编制还应力求精练，文字上坚持"少而精"，目的明确、结构严谨、表述准确、文字简练。

四　注重规范性

严格程序，对预案起草、评估、发布、备案、修改等程序作出明确规定。明确格式、结构框架、申报手续、体例格式等作出相关规定。此外，应急预案的编制标准也应该统一。

五　注重实效性

由于应急预案是根据以往的经验和可能出现的突发事件的特点等编制的，与实际情况可能存在一定的差距，而突发事件在不同的发展阶段也具有不同的特征，解决方法也不尽相同。因此，必须加强对应急预案的动态管理，对其进行宣传解读、培训演练、评估修订、使之不断完善，以符合实际需要。

第六节　突发环境预案编制常见问题

一　环境污染事件分级问题

3.4　环境污染事件分级

通过对可能存在的突发环境事件及危险性的分析，根据危险事件可能引起的环境污染，经济损失以及人员伤亡情况，将突发环境事件分为A级突发环境事件，B级突发环境事件和C级突发环境事件三个等级。

1. A级突发环境事件
A级预警指需要提请外部力量支援方能控制的事件。

2. B级突发环境事件
B级预警指依靠公司自身的力量即能控制的事件。

3. C级突发环境事件
C级预案指依靠部门自身的力量即能控制的事件。

问题：
过于简单，没有具体、量化。

二 单位基本情况问题

溪头镇辖25个村委会（其中1个居委会、3个渔委会、11个半渔农村委会，10个纯农业村委会），有183条自然村，2002年总人口8.1万人，是一个半渔农大镇。全镇耕地面积4.1万亩（其中水田3.5万亩，旱地0.6万亩），有林面积16万亩，松林14万亩，盛产松香。全镇有3条主要公路和2个港口，其中省道织溪公路贯穿全镇，港口直航港澳，丰头深水港可停泊万吨巨轮，是省一级渔港。

> **问题1：**
> 照搬环评内容，而忽略了村庄、村庄人口的数目变化，信息陈旧。

图示

编号	敏感点
1#	淡桥村
2#	新屋村
3#	铁坑村
4#	马车崀村
5#	罗源镇人民政府
6#	门口洞村
7#	上陈村
8#	军田村
9#	仓丰村
10#	扒头柄村
11#	坳头村
12#	窝子村
13#	赤草崀
14#	君子埔村
15#	崀抗陂村
16#	仓口村
17#	沙洲村
18#	蛇湾村
19#	禾崀岗村
20#	坑尾村

> **问题2：**
> 企业周边敏感源信息与企业实际不符或不全

项目敏感点遥感分布图

三 污染物的问题

锅炉废气事故排放的概率较小，发生的事故是处理设施故障或无处理效果，产生的废气烟尘、颗粒物、SO₂、氮氧化物等超标，直接排入大气中，将对周围大气环境外造成不利影响，要杜绝锅炉废气事故排放。

> **问题1：**
> 未说明超标量是多少。

> **问题2：**
> 未说明不利影响是什么。

四 应急组织问题

专家咨询组：由安健环部、发电部、设备部的主任工程师及专责工程师组成。组长为安健环部环保主管。

> **问题1：**
> 应急组织指挥"身兼多职"。

设备抢险组：由设备部副经理、安健环部、发电部、设备部和工程部的专业工程师、专责工程师以及工程部检修班长组成。组长为设备部副经理。

调查处理组：由安健环部经理、安健环部安监主管、行政人事部经理和发电部、设备部各部门的主任工程师、专责工程师组成。组长为：安健环部经理。

> **问题2：**
> 没有具体成员名单。

应急监测组：由安健环部环保主管和设备部环保专责工程师、设备部化学专责工程师、化验班班长和化验员等相关人员组成，组长为：安健环部环保主管。

工程抢险组：

组长：陈××　副组长：林××

成员：由有关电器、设备技术、管理人员、维修人员组成

职责：负责现场抢险救援、负责事故处置时生产系统开、停车调度工作。

> **问题3：**
> 分工不明确。是否有足够人力去处理所有的现场抢险救援工作？

五 应急监测问题

表6.5-1　大气污染物现场监测方法

序号	事故类型	污染物名称	监测方法/仪器
1	火灾爆炸泄漏、事故排放	二氧化硫（SO_2）	TH-880F微电脑烟尘平行采样仪
2	火灾爆炸泄漏、事故排放	氮氧化物（NO_x）	
3	事故排放	烟尘	
4	火灾爆炸泄漏	砷化氢（AsH_3）	MX2100泵吸式五合一气体检测仪
5	火灾爆炸泄漏	硫化氢（H_2S）	
6	火灾爆炸泄漏	颗粒物（TSP）	TH-β10型便携式智能测尘仪 TH-150C Ⅲ中流量空气总悬浮物微粒采样器

表6-2　环境空气监测频次表

监测点位	监测频次	监测因子
事故发生地污染物浓度的最大处	初始加密监测（不少于2小时一次），视污染物浓度递减	二氧化硫排放浓度、氮氧化物排放浓度、颗粒物浓度、氨浓度
事故发生地最近的居民居住区或其他敏感区	初始加密监测（不少于2小时一次），视污染物浓度递减	
事故发生地的下风向	4次/天	
事故发生地上风向对照点	2次/应急期间	

> **问题：**
> 没有列表说明污染物现场及实验室应急监测方法和标准，所采用的仪器、药剂，可能受影响的监测布点和频次

六 应急物资问题

5. 应急抢险组和消防保卫组人员要立即穿戴好防护用品，在确保安全的前提下进入事故现场，进行灭火、对着火的电动设备 用干粉灭火器灭火 ，对燃烧的硫磺接消防水带直流水枪灭火。若只是地面少量硫磺着火，可尽快用细砂进行覆盖灭火，或立即接消防水带用喷雾水枪进行灭火。

问题：
干粉灭火器与二氧化碳灭火器为不同类型灭火器。

物资名称	型号规格	单位	数量	备注
木螺丝	长20mm	个	300	—
充电式电钻	轻型 DB3DL	把	1	—
充电式电击钻	DN24DV	把	1	—
反光漆	1kg	桶	6	红、黄色各占一半
灭火器	CO_2 3kg	个	50	仪表室内用

七 现场处置问题

3. 应急处置

3.1 卸油时跑冒油

1）立即关闭阀门，通知其他员工
2）立即关闭加油站总电源

问题1：
未明确谁去做。

3.3 现场处置措施

（1）大量泄漏时：

1）切断污染源。当发生大量泄漏时，立即构筑围堤或挖坑收容，并将余留危险化学品转移至安全区；

问题2：
能否及时构筑围堤？

2）用泡沫覆盖，降低蒸汽灾害（苯乙烯属于中度毒性化合物），用耐腐蚀泵转移 至槽车或专用收集器内，回收或运至惠州东江威立雅环境服务有限公司处理；

问题3：
没有明确去哪里取，多长时间能取到相关应急物资。

3）立即对泄漏部位采取措施进行修补或堵塞，防止原料进一步大量泄漏，尽可能收集泄漏的物料，残余物要用水冲洗到废水处理系统进行处理。

（2）小量泄漏时：应设法对泄漏部位实施堵漏，另外当部分泄漏到周边或围堰以外时，用活性炭或其他惰性材料吸收，也可以用不燃性分散剂制成的乳液刷洗，让洗液稀释后进入厂区废水处理设施处理。

第七节　延伸思考

　　"凡事预则立，不预则废"。今天，人们对应急预案的认知程度要比以往高得多。制定应急预案的目的在于通过风险分析，超前思考，对生产与生活中可能发生的事件或事故提前谋划出最完善的应对措施，以求在遭遇突变后，人们能够有效应对，最大限度地减少伤害与损失。而应急预案的有效性对其功能的发挥起着决定性的作用。

一　应急预案的编制依据与基础是风险管理

　　就企业 HSSE 管理来讲，风险管理是通过识别危害，分析风险发生的可能性大小和后果严重程度来评估风险级别的，决定哪些风险需要处置以及采取何种控制措施进行控制，从而在意外情况下能够及时恢复到正常状态的全部管理过程。风险管理体现事故预防的思想，确保在伤害发生前风险得到控制。风险管理作为一门技术，是 HSSE 管理体系研究的核心内容，也是应急管理的基本前提和重要工作基础，贯穿于应急管理工作的始终。通过风险分析与评估，确定风险控制是否充分，有助于确定需要重点考虑的危险与紧急状态，明确应急管理的对象。

　　编制应急预案应首先按照自然灾害、事故灾难、公共卫生、社会安全四种突发事件类别，对存在的风险进行识别。石油石化企业尤其应对可能引发事故灾难类突发事件的危险目标，应分析其关键装置、要害部位以及安全环保重大危险源等突发事件的类型及风险程度，作为事件分级的主要依据。针对各种类型突发事件的风险程度，对本企业的应急资源、处置能力以及员工的综合应急能力进行分析和评估，并列出不足。以此形成针对各类事件或事故的有效适用的应急处置程序。

二　应急预案中的重要内容是突发事件或事故的处置程序

　　应急预案的功能在于未雨绸缪、防患于未然，通过对突发事件或事故发生前进行事先预防、准备预案等工作，对有可能发生的突发事件或事故做到超前思考、超前谋划、超前化解。把应急管理工作纳入经常化、制度化、法制化的轨道，从而化应急管理为常规管理，化危机为转机，最大限度地减少事件或事故给单位、政府和社会造成的损失。

对于石油石化企业来讲，由于环境应急预案主要是针对可能造成本单位人员死亡或严重伤害、设备和环境受到严重破坏而又具有突发性的灾害，如火灾，爆炸，油品泄漏，有毒、有害气体泄漏等事故灾难。所以应对突发事件，就应该从现场、岗位的应急工作开始，即先解决第一步、第一时间的应急问题，这就是应急处置程序。现场处置预案，应具备语言简化、具体实用、操作性强的特点，使主要生产环境、岗位的管理与操作人员应知应会，熟练掌握，并通过应急演练，做到迅速反应，有效处置的目的。

三　应急预案的重要特点是使用的有效性，变更的及时性

应急预案是针对各类可能发生的突发事件或事故，及所有危险源制定的应急方案，必须考虑事前、事发、事中、事后的各个过程中相关部门和有关人员的职责，物资、装备的储备、配置等方方面面的需要，这些因素是相对变动的。尤其是危险性分析，包括危害分析和环境评价及能力评估等内容，是应急预案的不断修订与完善的依据和基础。危险和影响以及应急能力都是不断变化的，所以危险性分析也应该是一个动态的过程，应急预案的内容也必须随危险性分析做出相应的调整。所以应急预案必须要根据组织机构、危害分析等各种预案要素的变化及时进行变更，确保其使用的有效性。

2010年，在墨西哥湾漏油事故发生之前，谁能怀疑BP公司的HSSE管理水平？从4月20日平台起火爆炸、下沉，直至7月15日，虽然采用"大礼帽"法成功罩住水下漏油点，但是BP公司使用各种方法仍无法封堵漏油点，在面对每天3.5万～6万桶石油泄漏海底时却束手无策。紧接着在7月16日，大连港发生油轮卸油过程中往输油管添加脱硫剂而引发火灾爆炸事故，导致大量原油流入海中，污染上百平方公里海面的严重事故。这两起石油行业的事故造成的严重后果，不得不使人们对其应急预案的有效性与适用性提出怀疑。

四 有效性的应急预案是开展应急各项工作的核心

适用的应急预案是有效开展应急工作的基础。应急培训、应急演练、应急物资装备的准备等各项工作都是以应急预案为核心展开的。众所周知，应急演练是应急各项工作中的重中之重，管理者或组织者应该首先明确应急演练的内容，这就是应急处置预案中识别出的事件或事故，扎扎实实地按照预案中的处置程序进行演练。只有亲身经历了演练，人们才可能在突发事件或事故面前不惊慌失措，才能正确处置，最大限度地减少甚至避免各种损失。应急知识浩如烟海，如何让企业中的员工利用有效地时间掌握最需要掌握的应急知识，应急培训同样也要依据应急处置预案。应急处置预案中的事件或事故的应急处置程序以及应急职责就是员工最重要、最需要掌握的基本应急知识。所以，应急预案只有是有效并适用的，企业员工才能掌握正确的应急知识，在突发情况下采取正确的处置行动。

五 结论

一个企业或单位的应急管理工作的着手点是应急预案的建立与健全。

应急预案管理是动态的，需要不断修订以保证其有效性，修订的依据是风险的不断识别、应急处置程序的持续修正与不断完善。

应急培训、应急演练等各项应急工作必须以应急预案为核心开展，熟练掌握应急预案中的事故应急处置是企业或单位员工最基本的应急技能，所以应急预案的有效性极其重要。

思考题

1. 请以结构流程图的形式画出环境应急预案编制流程。

2. 环境应急预案编写的注意事项有哪些？

第四章

环境
应急演练

应急演练是指为检验应急计划的有效性、应急准备的完善性、应急响应能力的适应性和应急人员的协调性而进行的一种模拟应急响应的实践活动，根据所涉及的内容和范围的不同，可分为专项演练和综合演练。环境应急演练是指各级政府、部门、企业事业单位、社会团体，针对区域地理环境和污染等实际情况，假想和设计特定的突发环境事件情景，按照各类环境应急预案所规定的职责和程序，在规定的时间和地点内，组织环境应急人员与群众执行环境应急响应任务训练并参与演练的活动。

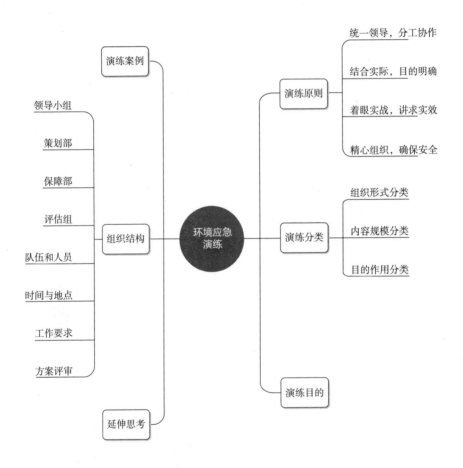

第一节 演练的目的和原则

一 演练目的

开展环境应急演练是贯彻执行《中华人民共和国突发事件应对法》和《国家突发环境事件应急预案》有关内容，检查演练组织单位对各类环境应急预案的执行情况和应急处置程序的熟悉程度，检查演练组织单位环境应急系统的响应速度，完善"职责明确、规范有序、协同作战、高效运行"的环境应急指挥体系和工作联动机制，建立科学的环境应急处置体系，发挥应急管理、环境监测、应急专家、专业救援保障队伍的作用，提高演练组织单位对突发环境事件的综合防范能力。

二 演练原则

环境应急演练应遵循以下四项原则。

1. 统一领导，分工协作

在演练组织中统一领导和指挥下，各参演单位要听从指挥、分工负责、密切配合、精诚协作、相互协调，严格按既定的演练程序和进度安排开展工作，确保演练工作顺利进行。

2. 结合实际，目的明确

紧密结合应急管理工作实际需求，根据资源条件情况，强化对应急预案所明确的应急响应责任、程序和保障措施的演练。

3. 着眼实战，讲求实效

以提高应急指挥人员的指挥协调能力、应急队伍的实战能力为着眼点，重点对演练过程和效果及组织工作的评估和考核，发挥应急演练的实效，达到查找差距、持续改进的目的，注重新闻宣传、报道，达到扩大社会影响、强化示范教育的效果。

4. 精心组织，确保安全

围绕演练目的，充分考虑演练场所特殊性，从积极、主动、合理防灾减灾的角度出发，在最大限度地减小对参演单位正常生产和生活影响的基础上，精心策划演练内容、认真准备物资设备、周密组织演练过程；制定并严格遵守有关安全措施，稳妥地推进演练工作进度，确保演练参与人员的安全。

第二节　演练分类

一　按组织形式分类

1. 桌面演练

桌面演练又称为沙盘演练、计算机模拟演练、视频会议演练等，是指参演人员在非实战的环境下，利用地图、沙盘、计算机模拟、视频会议等辅助手段，针对事先假定的环境应急演练情景，讨论和推演环境应急决策及现场处置的过程，从而促进相关人员掌握环境应急预案中所规定的职责和程序，提高环境应急指挥决策和协同能力。桌面演练通常在室内完成，问题通常以口头或书面叙述的方式表现，如图4-1所示。

图4-1　桌面演练

2．实战演练

实战是指演练人员以现场实战操作的形式开展的活动，即参演人员在接近实际状况和高度紧张的环境下，根据演练情景的要求，利用环境应急的设备和物资，针对事先设置的突发环境事件情景及其后续的发展情景，通过实际决策、行动和操作，完成真实环境应急响应的过程，从而检验和提高相关环境应急人员的临场组织指挥、队伍调动、应急处置技能和后勤保障等应急能力。实战演练通常要在特定场所完成，如图4-2所示。

图4-2　实战演练

二　按内容规模分类

1．单项演练

单项演练是指涉及环境应急预案中特定应急响应功能或现场应急处置方案中一系列或单一应急响应功能的演练活动。一般在某个行政区内、某个演练内部进行，注重针对一个或少数几个单位（岗位）的特定环节和功能进行检验。单项演练基本任务是针对应急响应功能，检验应急人员以及应急体系的策划和响应力。

2．综合演练

综合演练是指涉及环境应急预案中多项或全部应急响应功能的演练活动。对多个环节和功能进行检验，一般是跨行政区域、跨流域进行的演练，是对应急机制和联合应对能力的检验。

三 按目的作用分类

1. 训练性演练

训练性演练是以训练环境应急队伍或指挥机关为主，就环境应急接警与出警响应、指挥与资源调度、污染处置、监测与预测预警、通讯与信息报送等应急程序进行分解训练，主要目的是提高队伍的训练水平。

2. 检验性演练

检验性演练是指为检验环境应急预案的可行性、应急准备的充分性、应急机制的协调性及相关人员的应急处置能力而组织的演练，也称校阅性演练，主要是对环境应急队伍的训练成果进行检验。

3. 示范性演练

示范性演练是指为向观察人员展示环境应急能力或提供示范教学，严格按照环境应急预案规定开展的表演性演练，意在为其他环境应急队伍树立榜样、确立标准。

4. 研究性演练

研究性演练是指为研究和解决突发环境事件应急处置的重点、难点问题，探索新的应急思路、作战样式、编制体制和试验新方案、新技术、新装备而组织的演练。

第三节 演练组织机构

演练应在相关环境应急预案确立的应急领导机构或指挥机构领导下组织开展。演练组织单位要成立由相关单位领导组成的演练领导小组，负责演练活动的组织领导，审批演练的重大事项。领导小组组长一般由演练组织单位的领导担任。在演练领导小组的统一领导下，成立由相关单位有关领导和人员组成的策划部、保障部等；对不同类别和规模的演练活动，组织机构和职能可以适当调整。

一 演练领导小组

领导小组负责应急演练活动全过程的组织领导，审批决定演练的重大事项。领导小组组长一般由演练组织单位或其上级单位的负责人担任；副组长一般由演练组织单位或主要协办单位负责人担任；小组其他成员一般由各演练参与单位相关负责人担任。在演练实施阶段，演练领导小组组长、副组长通常分别担任总指挥、副总指挥。

二　策划部

策划部负责应急演练策划、方案设计、实施的组织协调、演练评估总结等。策划部设总策划（或称总导演）和副总策划（或称副总导演）、文案组、协调组、控制组和宣传组等。

1. 总策划

总策划（总导演）是演练准备、演练实施、演练总结等阶段各项工作的主要组织者，一般由演练组织单位具有应急演练组织经验和突发事件应急处置经验的人员担任；副总策划协助总策划开展工作，一般由演练组织有关人员担任。

2. 文案组

在总策划的直接领导下，文案组负责制定演练计划、设计演练方案、编写演练总结报告以及备案等。其成员应具有一定的演练组织经验和突发事件应急处置经验，收集、报送、发布演练期间各类信息，负责本次演练文字资料的收集和归档。

3. 协调组

负责与演练涉及的相关单位以及本单位有关部门之间的沟通协调，督促参演各单位按照演练总体设计细化演练方案并按要求组织演练，其成员一般为演练组织单位及参加单位的行政部门人员。

4. 控制组

在演练实施过程中，在总策划的直接指挥下，控制组负责向演练人员传送各类消息，引导进程按计划进行。其成员最好有一定的演练经验，也可从文案组和协调组抽调。

5. 宣传组

宣传组负责编制演练宣传方案，整理演练信息，组织新闻媒体新闻发布等。其成员一般是演练组织单位及参与单位宣传部门人员。

三 保障部

保障部成员一般是演练组织单位及参与单位信息、后勤、财务、办公等部门人员。

1. 技术保障组

技术保障组对演练所需各类物资装备的购置、制作、调集、联合调试和维护等技术方案进行总体设计，组织落实各参演单位之间、参演单位与应急指挥中心的信息传递，确保演练相关信息渠道畅通。技术保障组具体负责保证指挥部的指挥调度系统、施救现场的通信系统、环境及污染源在线监控系统的网络畅通；负责包括指挥平台、通信系统、演练模型等在内的设备选购、安装、调试；负责演练所有信息数据的采集、编制工作^

2. 编导摄制组

编导摄制组负责对演练全过程专题片的总体策划、编导和摄制。

3. 后勤保障组

后勤保障组负责准备演练场地、道具、场景，承担演练车辆、人员的保障工作，并在突发环境事件发生时负责重点部门（部位）的安全保卫工作，维持现场秩序，避免混乱和人为破坏；清点各岗位受伤人员并向指挥部通报。

四 评估组

评估组负责设计环境应急演练评估方案和评估报告，对演练准备、组织、实施及其安全事项进行全过程观察记录和评估，及时向演练领导小组、策划部和保障部提出意见建议。其成员一般包括评估人员、过程记录人员等，具有一定演练评估经验和突发事件应急处置经验专业人员。

五 参演队伍和人员

参演队伍包括环境应急预案规定的有关应急管理部门（单位）工作人员、各类兼职应急救援队伍以及志愿者队伍等。

参演人员承担具体演练任务，针对模拟事件场景作出应急响应行动。

（一）制定演练计划

演练组织单位在开展准备工作前应先制定演练计划。演练计划是演练的基本构想和对演练活动的详细安排，一般包括演练的目的、方式、时间、地点、内容、参与的机构和人员、宣传报道和保障措施等。

（1）确定演练目的.归纳提炼举办环境应急演练活动的原因、演练要解决的问题和期望达到的效果。

（2）分析演练需求。在对所面临的环境风险及环境应急预案进行认真分析的基础上，发现应急准备工作存在的问题和薄弱环节。

（3）确定演练范围。根据演练需求及费用、资源和时间等条件的限制，确定环境应急演练事件类型、规模、举办地点、参与演练机构及人员以及适合的演练方式。

（4）安排演练准备与实施的日程。包括各种演练文件编写与审定、物资器材准备的期限、演练人员培训的日期、演练评估总结的日期等。

（5）编制经费预算。演练往往涉及场地租金、设备设施租用、摄像摄影器材、人员调动、后勤保障等多种费用预算，所以必须在演练计划中明确演练经费列支渠道，以保障演习各项工作顺利开展。

（二）召开演练筹备会

当制定演练计划后，应由演练组织单位组织召开演练筹备会。演练组织单位在筹备会上要就有关演练的构想和对演练活动的详细安排与参加环境应急演练的单位进行通报，并共同商讨此次演练内容，明确各部门在这次演练的职责和承担的任务，确立各单位在筹备中的领导小组和执行组成员，并要求各部门按演练职责分头准备。

（三）设计演练方案

演练组织单位在举办演练活动前组织制定演练方案。演练方案一般由导演调度组（策划部的总策划、文案组、控制组）负责编写，由演练领导小组或主管部门批准。

演练方案的设计一般包括确定演练目标、设计演练场景与实施步骤、设计评估标准与方法、编写演练方案文件等内容。

（1）确定演练目标。演练目标是需完成的主要演练任务及其达到的效果，一般说明"由谁在什么条件下完成什么任务，依据什么标准，取得什么效果"。演练目标应简单、具体、可量化、可实现。一次演练一般有若干项演练目标，每项演练目标都要在演练方案中有相应的事件和演练活动予以实现，并在演练评估中有相应的评估项目判断该目标的实现情况。

（2）明确组织职责。这部分内容编制包括明确主办、协办、参演单位及其职责，还有演练组织领导机构及工作组。

一是由演练单位或上级部门成立应急演练领导小组，明确主办、承办、协办单位主要领导，领导小组负责统一领导、指挥演练的筹备和实施，包括确定演练方案及演练脚本，协调准备和实施过程中出现的重大问题等。各参演单位也要相应成立由一把手负责的领导小组，统一指挥本单位演练的筹备及实施。

二是成立演练领导小组办公室，负责统一组织协调演练筹备及实施工作，协调解决演练准备过程中的具体问题。领导小组办公室一般由相关参演单位抽调人员组成，集中办公，按各组的职能职责分头完成演练的各项筹备工作。

（3）设计演练情景。演练情景的作用，一方面是为演练活动提供初始条件，另一方面是通过系列的情景事件，引导演练活动继续直至演练完成。演练情景包括演练情景概述和演练事件清单。

①演练情景概述。对演练情景的概要说明，为演练活动设置初始的场景。概述中要说明突发环境事件类别、发生的时间地点、事态发展速度、污染物强度与受影响范围、人员和物资分布、已造成的损失情况、后续预测、气象及其他环境条件。

②演练事件清单。要明确演练过程中各场景的时间顺序列表和空间分布情况。事件的时间顺序决定演练的实施步骤。演练事件的设计应以突发环境事件真实案例为基础，符合事件发展的科学规律。对每项演练事件，要确定其发生的时间、地点、事件的描述、控制和期望参演人员采取的行动。

③重点展现内容。一个演习必须按照演习重点来展示内容，其脚本设计一般来说有以下几个方面内容：对环境污染事故的上报程序，事故方应急响应及时处理泄漏、爆炸等事故的流程，组织设备抢修，快速恢复系统安全稳定运行，切断污染源头；采取应急措施积极处置，协调各级、各部门形成联动；环境保护部门启动应急响应，开展环境污染的应急预警、应急监测和对污染态势的预测等。

（四）细化实施步骤

实施步骤是为保障演练情景的按逻辑顺序进行实施而规定的步骤。实施步骤设计一方面是为假设的突发环境事件及其发展和环境应急响应、处置过程设计具体内容，保障各个情景发生、发展的连贯性；另一方面是通过步骤规定，保障演练活动从筹备设计直至演练完成的有序性和时效性。

（1）演练情景实施步骤。演练情景实施步骤也称演练过程，一般说来，一个环境应急演练情景实施步骤设计内容主要包括事故发生和启动应急预案、事故报告与初始扑救，启动环境应急预案和成立环境应急指挥部，环境保护部门按预案响应到位和对污染初步评估、对外发布环境预警和现场环境应急监测和数据分析与报送，污染发展态势模拟和专家评估，确定环境应急救援和实施事故现场的救援处置。设计的演练过程一般分为事故发生、信息报送、先期处置、预警发布、应急处置、应急终止、善后、评估总结共8个阶段。

（2）演习筹备工作实施计划。演习筹备工作实施计划也称演练筹备工作安排，内容主要是按演习阶段进行工作安排，即设计筹划、脚本研讨、场景制作（设备购置）、分阶段推演、多部门联合预演、观摩等重要阶段的工作时间倒排情况。同时明确每一阶段或每一个环节的工作任务、责任单位、完成期限。以综合实战演习为例，主要包括：

（3）召开演习工作部署会议。工作任务：主要是组织制定演习实施方案，报上级主管部门审定，确定演习领导小组、领导小组办公室、工作组成员和参演单位及联系方式，筹备并组织动员会。

（4）制定演习议程、方案，编制脚本。工作任务：成立临时工作组，集中办公，完成相关筹备工作，包括集中培训全体参加人员；细化演练方案，确定各单位演习程序，编制演习脚本；编制并实施宣传策划方案，组织同期宣传；指导各单位制定完善本单位的突发环境污染事故应急预案，并报领导小组批准。

（5）组织分步演习，完成演练摄制。工作任务：组织完成演练的拍摄、剪辑等；为演练的通信提供保障服务；联系、确定演习评估专家组，并组织对各参演单位的演习进行指导，为正式演习做好评估准备。

六　工作要求

（1）要做好各类预案的收集、整理工作。在筹备演练前期，首先收集各类应急预案，包括演练组织单位各类突发环境事件应急预案以及各参演单位的应急预案。研究各级预案之间的衔接关系。

（2）要精心策划、编写好各级演练方案。依据演练总体工作方案，各参演单位要根据实际，组织人员精心策划，编写本单位的演练方案。方案要综合考虑各种因素，包括组织、内容、过程、后勤保障等多方面，方案须经演练领导小组办公室审核、批准。

（3）具体落实和细化各项工作。根据当地环境实际和潜在风险，合理设置突发环境污染。加强演练期间环境安全管理，确保演练期间环境安全。做好技术支持工作，包括实现主会场与分会场、同步演练现场之间的音视频的传输、主会场信息下传等。做好新闻宣传策划，充分发挥媒体作用。加强协调，精心拍摄和编制演练的影片。

（4）要高度重视脚本的编写工作。编写脚本是演练的关键环节，它决定了整个演练的质量和水平。总脚本要根据各相关应急预案的规定编制，同时要符合演练总体方案的技术要求，做到演练主线清晰，流程逻辑合理。脚本中的流程、时间、事故、场景、人物对白、解说等要素应表述具体、明确、清楚，并且必须经过内部推演及专业机构的技术审核，有可操作性。

（5）认真做好演练组织和配合。各单位要加强组织领导，制定本单位具体工作计划，全面落实各项措施。要以演练为契机，提高各级管理机构、社会团体、企事业单位的环境应急综合能力，有效减少环境污染事故灾难对人民群众造成的损失。

七　方案评审

对综合性较强、环境安全风险较大的应急演练评估组要认真对照企业重大危险源、重点部位及敏感区域，从科学性和安全性对演练方案制定的内容进行评审，确保演练方案科学可行，以确保应急演练顺利进行。

第四节　环境应急预案演练案例

为进一步加强危险废物集中收集处置过程中安全生产管理工作，牢固树立"安全第一、预防为主、综合治理"的安全生产工作方针，切实提升我公司各级管理人员和从业人员的安全生产意识和对突发事件的应急反应速度和应急抢险能力，维护人民群众的生命和财产安全，构建"集中领导、统一指挥、结构完整、功能全面、反应灵敏、运转高效"的突发事件应急体系，确保一旦发生事故，能以最快的速度、最大的效能，有序地实施救援，最大限度减少人员伤亡和财产损失，把事故危害降到最低限度，确保迅速、有效地处理各类突发事件，提高全中心应对突发环境事件的综合能力，编写此方案。

1. 应急演练领导小组成员

总 指 挥：×××；

副总指挥（现场指挥）：×××；

成　　员：×××。

2. 应急演练时间

××××年××月××日上午×时××分。

3. 应急演练地点

×××油库危废物暂存间。

4. 应急演练内容

一是××油库在处置危险废物时，发生泄漏并燃烧；二是运送危险废物的车辆在运输过程中，发生意外泄漏事故。假设××油库在处置危险废物时，罐装废液发生泄漏并引发燃烧，产生大量有毒烟雾，油库及时启动应急预案，对雨水口进行封堵并对消防废水进行收集，集中到事故调节池，油库积极组织自救，同时上报有关上级主管部门；环保部门接报后及时组织市、区两级环保部门和环境应急专家赶赴现场，开展环境应急事故技术指导工作，在油库的配合下对危险废物进行快速、安全的处置。

假设在紧急处理油库环境污染事故的同时，又有一辆运送废硫酸的车辆在运输途中发生意外事故，导致大量的废硫酸化液泄漏，影响道路，同时事故地靠近河流，如果处置不及时，大量废乳化液极有可能流入河道，污染河道。现场指挥部接报后，及时调整力量进行快速处置。

5. 应急演练器材保障及注意事项

（1）演练车辆。危险废物运输车一辆，救援车一辆，消防水车一辆，救援物质运输车一辆。

（2）演练通信设备、通信器材（对讲机）由信保障部负责、模拟道具、桌椅条幅警戒线等由策划部负责，其他后勤保障物资由办公室负责。

6. 应急演练过程模拟

演练总指挥宣布演练开始。

1）接警与报告

（1）报警（会场模拟）。现场指挥部接到突发环境事故通报。

（2）接警（会场模拟）。现场指挥部在接到突发环境事件通报时，值班人员开启电话录音，问清事故情况，了解事故发生的时间、地点、原因、现状、类型和特征。并告知现场指挥部领导。

（3）报告（会场模拟）。值班人员在接到突发环境事件报警后，将有关情况通知现场调援组，调援组立即对接警情况与举报人进行复核。复核后调援组赶赴现场，在第一时间将接警详细情况报告副总指挥，同时联系总指挥通知建议启动应急程序。

2）进入应急状态（会场模拟）

总指挥宣布立即启动危险废物应急预案。并立即完成以下任务：

（1）向应急工作领导小组所有成员通报突发事件的初步调查情况。

（2）组织救援力量奔赴现场，协助先期到达的调援组开展应急处置工作，控制事件发展。

（3）通知应急监测组组织人员、器材奔赴现场。

（4）通知信息传输组赶赴现场，保障通信设施通畅，保存影音资料。

总指挥向上级部门和属地环保局报告，做好准备随时启动危险废物应急预案，按照分工，各应急专项工作组分别按照预案通知各组成员进入应急工作状态。

3）现场开展应急调监测并协助应急处置（现场模拟）

应急演练工作领导人员、现场调援组、应急监测组、信息传输组等相关环境应急队伍以最快的速度赶赴现场，按照分工开展应急工作：

（1）现场指挥部展开工作（现场模拟）。应急工作领导成员先后到达现场，立即投入环境应急指挥中心的工作。应急指挥中心实时了解各应急小组所在位置或已展开应急工作的情况。

（2）现场调援组展开工作（现场模拟）。现场调援组已经先期到达现场，针对事故现场的泄漏点已先期被调援组用沙袋堵住，消防水车正在对弥漫在空气中的化学品进行稀释。该组成员按照突发环境事件应急程序要求，开展事故调查取证工作：

①实施现场警戒。在事故现场拉起警戒线，禁止无关人员进入警戒线内。

②实地勘察。重点核实泄漏化学品的种类、数量，进行事故周边实地勘察，判断风向，查看并记录事故现场状况，包括事故对土地、水体、大气环境的危害；对人身的伤害；对设备、物体的损害，以及事故破坏范围、污染物排放情况、污染途径、危害程度、周围环境状况等，并编写现场勘查笔录，同时进行影像记录。

③应急措施。首先熄灭所有明火、隔绝一切火源，防止发生燃烧和爆炸。现场处理人员需佩戴所要求的防护用品及防毒面具。现场废液用沙土围堤，回收物料，避免进入下水道等密闭系统；剩余液体用吸收棉吸附，并将吸收棉回收，疏散周边员工到安全防护距离以外。

（3）应急监测组到达现场（实地演练）。应急监测小组到达现场后，向总指挥报到。在向现场调援组了解调查情况后，应急监测人员按事先制定的监测方案实施监测。应急监测组携带便携式气体监测仪，着防护设备进入现场，检测挥发性气体种类、浓度，监测泄漏液体种类、浓度。应急监测组在泄漏点周边上、下风向及污染水体下游监测大气、水的污染情况。将需要送回实验室分析的样品迅速送回，实验室分析人员接到样品后立即开展分析。

（4）提交监测报告。向油库应急演练工作领导小组报告初步监测情况，内容包括：事故发生的时间、地点、排放污染物的种类、性质、浓度和可能释放量及其危害等，判定、预测受污染或可能受污染的地区范围和影响程度，提出适当的应急处理处置的建议。应急监测组负责与各有关部门联系和沟通，进一步了解污染事故情况。

（5）继续进行监测。现场应急监测小组根据中心应急监测方案要求的点位、频次、项目、监测方法、质控措施，按规范继续开展事故现场及周边环境应急监测和采样工作。

4）信息传输组到达现场（现场模拟）

现场信息传输组迅速建立现场指挥部信息传输通道，以供现场指挥的领导和坐镇监控指挥中心的总指挥随时调阅相关的信息资料。

5）紧急会商和报告（现场模拟）

现场调援组、应急监测组、信息传输组等相关人员，根据监测结果、污染程度和周边环境情况提出应急处置的对策建议，向总指挥报告。并立即协助实施批准后的应急处置对策措施。

6）协助实施批准后的应急处置对策措施（现场模拟）

现场调援组按照指挥中心的要求，积极协助切断污染源、安排相应容器收集未泄漏的化学品、隔离污染区、防止污染扩散；联系应急物资，采取一切必要措施消除或减轻污染，并及时清运污染物。

7）事故影响跟踪监测（现场模拟）

根据监测技术方案，现场应急监测小组继续实施事故影响跟踪监测，持续报出监测数据、污染动态。

8）信息公布（会场模拟）

由信息传输组负责向新闻媒体发布事态进展报告，并回答有关人员提问。

7. 应急终止（会场模拟）

1）监测结果显示

污染事故已得到有效控制并且区域的环境污染已经基本消除。现场应急监测组向应急演练工作领导小组报告：某时刻监测结果表明，事故发生2小时后，经采取一系列应急处理处置措施，污染潜在影响已消除。应急指挥中心向各现场应急小组发出停止应急状态的指令。

2）转入善后工作（现场模拟）

在事故应急状态解除后，现场应急小组停止应急，清点人员和设备、器材，并撤离现场，转入善后工作；现场调援组按规定提取相关物证、做好现场检查笔录并提交调查报告；应急监测组编制应急监测技术报告，必要时会同评估组做好环境安全后评估工作。

3）应急响应情况报告（会场模拟）

现场调援组、应急监测组、信息传输组、评估组在应急响应终止后及时将事件的调查处理、应急监测等情况以书面报告的形式上报中心应急演练领导小组。

情况总结内容一般包括：①调查污染事故的发生原因和性质，评估出污染事故的危害范围和危险程度，查明人员伤亡情况，影响和损失评估、遗留待解决的问题等。②应急过程的总结及改进建议，包括急预案是否科学合理，应急组织机构是否合理，应急队伍能力是否需要改进，响应程序是否与应急任务相匹配，采用的监测仪器、通信设备和车辆等是否能够满足应急响应工作的需要，采取的防护措施和方法是否得当，防护设备是否满足要求等。

应急演练领导小组向属地环保局报告事件结果，信息传输组向有关人员发布信息。

8. 演练结束、领导点评（会场模拟）

演练总指挥宣布演练结束，并做点评。

第五节　延伸思考

应急预案是否科学有效、切实可行，关键靠实践。只有通过演练才能检验应急预案的科学性和可行性。但有一些企业在开展应急预案培训与演练时中存在着诸多问题：

一是个别企业把应急预案当摆设，预案"制"而不"用"，花费了很多人力、物力制定出来，却束之高阁；

二是部分企业的应急预案往往是由负责生产和安全的人员编制的，企业领导和基层员工对应急预案了解不够，由此造成指挥体系演练少，现场演练针对性差；

三是预案没有经过实战检验，还停留在纸面上。如果员工连常规的消防器材和救生器材都不会使用，遇到突发性事件时，既不能上阵救援，又不会紧急逃生，再好的预案无法发挥作用；

四是不少企业即使进行演练，也往往只侧重救援人员的器械演练和技巧表演，把应急预案做成"表面文章"；

五是部分企业的演练存在方式过于模式化、内容过于简单化、演练类型过于单一化、实战性差和演练次数少等问题。殊不知，这种没有经过实战检验的应急预案在实际应用中效果必然会大打折扣，很难真正起到应急预案应起的作用。

一般通过以下四方面解决重演不重练的问题。

首先要严肃现场氛围。有的单位在演练的时候嬉笑吵闹，把应急演练当成一种娱乐，没有用正确的态度去开展工作。任何事故的发生都具有不可预知性，什么时候发生，危害有多大，我们一无所知，等事故和自然灾害来临的时候，如果惊慌失措，造成的损失将不可估量。因此在平时的演练过程中就要以严肃认真、身处险境的态度去面对，演出现场气氛，演出真实感觉，演出实战场景。一旦发生事故，才能沉着冷静应对。

其次明确各自职责分工。演习各部门的职责履行，规范岗位设置。让所有人都明确岗位分工，提高救援效率。通过演练重点解决救援时期各组人员工作的衔接问题，练习人与人之间的协调配合，练习物资的取用等环节，都是提高协调作战能力的关键。配合得好，就有可能控制住事态扩大，配合不好就浪费了很多救援的时间，错过最佳救援时机。

再次重点演练救援过程。要模拟事故发生的起因与救援过程，让在场的每个人都熟知即将开展的应急演练是针对哪种情形，明白如何避开危险源，熟悉危险源特性，可以用什么方法解决面临的危机事件，使应急救援演练更加具有指导性。应急演练不能演练完就束之高阁，应该潜下心来根据演练效果不断优化疏散路线和疏散方式，以达到最快速、最简便、最有序的疏散逃生和自救互救，研究一套更加周全的救援程序。万一发生类似事故，按照平时的操练处理，才能游刃有余。

最后不要忽视设备的练习与使用。向在场人员示范各类设施、装备的种类、使用方式、注意事项和自救方法，规范设备使用步骤。发生事故时能够判断出设备是否能够正常使用，确保每个人正确使用安全设施和装备，把出现误操作而引发二次事故的概率降到最低，把事故隐患消灭在萌芽状态。

思考题

1. 环境预案演练原则是什么？

2. 如何解决环境预案演练中重演不重练的问题？

第五章

环境应急
能力建设

扫码即获更多阅读体验

应急能力，顾名思义就是应对紧急事务的管理能力，它是应用科学技术和管理等手段，应对造成大量人员伤亡、严重财产损失以及社会生活破坏等非常事件的一门学科和职业。环境事件应急能力是指在应对突发环境事件时，以人的利益为宗旨，以法律制度为依据，能够高效、有序地开展应急行动，通过对组织体制、应急预案、灾情速报、指挥技术、资源保障、社会动员等方面的综合运用，力求在较短时间内使突发性环境事件所造成的环境破坏和财产损失达到最小，环境造成的负面影响降到最低，保证环境状况稳定的一种综合应急处理能力。其中，"高效"讲究的是快速和效率，"有序"则强调按照预先设定的程序指挥、决策和部署，"综合"是指整合全社会资源，动员方方面面的力量。

水污染应急处置

大气污染应急处置

固危废污染应急处置 — 现场环境应急处置

陆域溢油处置技术

水上溢油处置技术

水污染应急处置案例 — 环境应急案例

大气污染应急处置案例

防护类物资 — 应急装备

污染控制类物资

延伸思考

环境应急能力建设

影响因素 — 内部因素 / 外部因素

评估类型 — 基于全过程的环境应急能力评估 / 基于全系统的环境应急能力评估

环境应急预案管理 — 培训 / 备案 / 签署发布

环境应急响应 — 监测预警 / 应急响应 / 应急报告 / 应急物资管理

第一节　影响因素

一　内部因素

环境应急的内部因素有以下四方面。

（1）应急管理者的知识、能力和素质。作为应急管理者，要有高度的政治敏感性和责任意识，努力增强危机预见性，了解环境常识，掌握突发环境事件的有关知识，善于借鉴外地成功经验，积累应对复杂局面的知识、技能和经验，增强和掌握防范应对重大环境危机的本领。

（2）强有力的决策中枢。应急管理要求决策者有很强的决断力，因此决策层中领导人的决断力是最重要的。决策中枢所拥有的权力及资源，也是处理危机的重要资源，其能否在最短时间内调度所有资源解决危机是衡量应急管理系统有效的一个关键因素。

（3）信息收集、传递与分析水平。危机中只有在占据充分信息的基础上，参与者才可能做出正确的决定。

（4）应急管理体系权责明确。应急管理体系责权是否明晰是在应急管理过程中能否做到统一指挥、有效动员、通力合作、成功抗击的关键。

二　外部因素

环境应急的外部因素主要有经济因素、危机情境和传媒。

（1）经济因素。具有具备雄厚的经济基础，完善的社会保障体系和科研能力，才能够在危机来临之时，调动人力、物力、财力等一切可以利用的资源应对危机。

（2）社会成熟度。"生于忧患，死于安乐"，社会成熟度就是公众的危机忧患意识。从整体上，我国社会成熟度偏低，因此，提高社会成熟度，增强危机意识，有助于减少人们面临危机时的心理脆弱性，增加战胜危机的信心，提高抵御风险能力。

（3）危机情境。危机诱因的多样性、复杂性以及势态变化的不确定性，意味着应对危机的策略、方式和手段等要随着危机态势的变化而改变。

（4）传媒。媒体的态度与声音影响着应急管理中能否有效控制社会秩序、防止危机升级和避免不必要的恐慌。

第二节　环境应急能力评估类型

一　基于全过程的环境应急能力评估

（一）原理

突发环境事件的全过程管理是指涵盖整个事件因某一隐患征兆由量变到质变达到的临界点而最终导致事件发生、应对和恢复的过程规律。

在突发环境事件刚刚发生时，必须在极短的时间内搜集和处理有关的信息，按照拟订的应急预案，对事件进行处置。应急反应对时间的要求极为严格，少许的耽搁，常常会丧失最佳的时机，导致局面的失控。为加快应急反应速度，从时间对突发环境事件应急能力进行评估就变得十分重要。

基于全过程应急管理是依据事件发展的时间序列进行的。根据突发环境事件应急管理的整个周期的各个阶段见图5-1。这主要是从理论上界定突发环境事件的生命周期，有助于把应急管理行为能力渗透到个组织的日常运作中。在众多的应急管理阶段分析方法中，以芬克（Fink）的阶段生命周期模型、密特罗太（Mitroff）的五阶段模型和最基本的三阶段模型最为学界认同。三阶段模型将事件分为事件前、事件中和事件后三大阶段，每一阶段再分为不同子阶段，从而将事件细分为事件预警及事件管理准备、识别事件、隔离事件、管理事件、处理善后并从中获益几个阶段。事件生命周期的不同阶段为我们有效处理突发事件提供了完整、清晰的框架，充分利用此理论成果判断事件的发展阶段，以便子有的放矢，制定对策。

现代应急理论主张对突发环境事件实施综合性应急管理，并在许多国家的政府

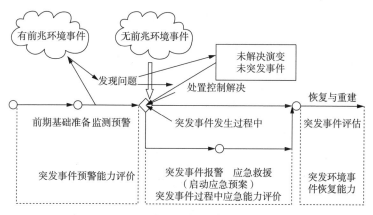

图5-1 突发环境事件应急管理周期

应急实践取得明显成效。重大突发环境事件往往具有潜伏期、形成期、爆发相持期和消退期。与此相适应，无论在理论上还是在实践上，现代应急管理以综合性应急管理为特征。具体而言，一方面是将环境应急管理作为预防、准备、响应和恢复四个阶段组成的完整过程，另一方面是在各个不同阶段应当采取相关的应对措施。

在以上四个过程中，缩减和准备是事件发生之前的行为，反应是事件发生过程中的行为，而恢复则是事后的活动。在某种程度上，各阶段的工作会有交叉，例如在某次灾难后的恢复过程采取的措施就应当考虑到对一次灾难性事件的准备和减少损失的影响，这就产生了交叉。缩减的活动在于预防和减少灾难的损失。

（二）总体设计

基于全过程的环境应急能力评估体系，以环境事件应急管理系统为评估对象，以全面应急管理为指导，用科学的方法构造评估指标体系，建立评估模型，进行综合评估，及时发现问题和不足，不断完善应急管理系统。突发环境事件全面应急管理是对环境事件的全过程管理。狭义的应急管理主要是指应急处置这个环节，即为应对突发事件实施的一系列的计划、组织、指挥、协调、控制的过程。其主要任务是及时有效地处置各种环境事件，最大限度地减少它的不良影响环境。事件全过程应急管理则是在事件的发生前、发生过程中、发生后的整个时间周期内，用科学的方法对其加以干预和控制，使其造成的损失达到最小的全过程管理。它要求我们克服"重应急，轻预警"的传统观念，科学分析环境事件的形成与演变机理，对环境事件实施动态监测、风险评估，并编制科学的预案，对突发环境事件的应急处置、恢复与重建进行系统设计，通过评估及时发现问题，改善应急管理全过程。

基于全过程的环境事件应急能力评估体系总体构架如图5-2所示。

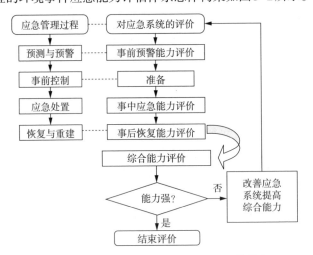

图5-2　环境事件应急能力评估体系总体构架

二　基于全系统的环境应急能力评估

（一）原理

突发环境事件的全系统应急管理是极其复杂的、连锁反应极强的系统。单凭直观认识、经验判断和人脑推理来分析该系统机理是很困难的。突发环境事件应急管理系统是具有动态行为特征的复杂的非线性系统。该系统的边界模糊，其构成具有多重反馈环，组成该系统的各个子系统以及各子系统的各要素之间往往具有难以测度的相互依赖关系。应急管理系统是一个包含指挥调度系统、处置实施系统、决策辅助系统、信息管理系统，以及资源保障系统的复杂系统，如图5-3所示。

根据全系统应急管理的基本结构，包括指挥调度系统、处置实施系统、决策辅助系统、信息管理系统以及资源保障系统。其中，指挥调度系统处于整个保障体系的核心地位，负责整合整个体系以应对突发事件；处置实施系统是具体行动的实施部门；决策辅助系统和信息管理系统以及资源保障系统分别从方法、信息和资源三个方面为指挥调度系统和处置实施系统提供支持。同时它们之间也存在着复杂的相互作用关系。

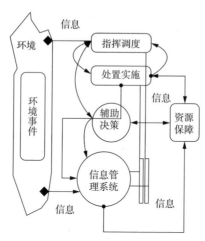

图5-3　应急管理系统

（二）总体设计

指挥调度系统是环境应急管理体系的大脑，是环境应急体系中最高决策机构，处于整个环境应急管理系统的核心地位，由环境应急管理机构行使其职能。其他四个为支持系统，分别对指挥调度提供不同的功能支持，以保证指挥调度系统做出及时有效的决策，同时它们之间也存在相互协作、相互支持的关系。

当事件发生时，立即做出有效决策，处置实施系统是具体行动实施部门，保障指挥调度的准确和迅速实施。资源保障系统要从人、财、物三个方面进行配置，保证整个系统的正常运行，以及当事件发生时使用信息处理系统通过收集分析物资、人力资源以及环境事件本身的具体情况为指挥调度系统和处置实施系统提供信息支持。决策辅助系统通过建立数据库、案例库、预案库、模型库和方法库对指挥调度系统和处置实施系统提供决策支持。

基于全系统的环境事件综合应急管理能力评估体系，是以环境事件应急管理系统为评估对象，以系统动力学理论为指导，用科学的方法构造评估指标体系，建立评估模型，进行综合评估，及时发现问题和不足，不断完善应急管理的各个子系统。

突发环境事件全系统应急能力评估是一个立体三维的往复的评估过程，即通过对应急系统中对处于基本层面的资源保障系统、信息管理系统进行评估，然后对处于较高层面上的指挥调度系统、处置实施系统、决策辅助系统进行评估，从而取得总体应急能力的评估结果，并在评估结果的基础上对应急系统进行改进和提高。通过建立应急管理的动态评估机制，不断提高处置环境事件的能力。

三　环境风险防控和应急措施差距分析

环境风险评估主要有两项内容，即资料准备与环境风险识别、可能发生的突发环境事件及其后果情景分析。要在收集相关资料的基础上，开展环境风险识别。环境风险识别对象包括：企业基本信息；周边环境风险受体；涉及环境风险物质和数量；安全生产管理；环境风险单元及现有环境风险防控与应急措施；现有应急资源等。

（一）企业基本信息

对于企业基本信息，要列表说明下列内容：

（1）单位名称、组织机构代码、法定代表人、单位所在地、中心经度、中心纬度、所属行业类别、建厂年月、最新改扩建年月、主要联系方式、企业规模、厂区面积、从业人数等。

（2）地形、地貌（如在泄洪区、河边、坡地）、气候类型、历史上曾经发生过的极端天气情况和自然灾害情况（如地震、台风、泥石流、洪水等）。

（3）环境功能区划情况以及最近一年地表水、地下水、大气、土壤环境质量现状。

现有应急资源，是指第一时间可以使用的企业内部应急物资、应急装备和应急救援队伍情况，以及企业外部可以请求援助的应急资源，包括与其他组织或单位签订应急救援协议或互救协议情况等。应急物资主要包括处理、消解和吸收污染物（泄漏物）的各种吸附剂、中和剂等；应急装备主要包括个人防护装备、应急监测能力、应急通信系统、电源（包括应急电源）、照明等。

按应急物资、装备和救援队伍，分别列表说明下列内容：名称、类型（指物资、装备或队伍）、数量（或人数）、有效期（指物资）、外部供应单位名称、外部供应单位联系人、外部供应单位联系电话等。

（二）对于可能发生的突发环境事件及其后果情景分析

对于可能发生的突发环境事件及其后果情景分析主要包括这样几个方面：

（1）收集国内外同类企业突发环境事件资料。要列表说明下列内容：年份日期、地点、装置规模、引发原因、物料泄漏量、影响范围、采取的应急措施、事件损失、事件对环境及人造成的影响等。

（2）提出所有可能发生突发环境事件情景。结合事件情景，列表说明并至少从以下几个方面分析可能引发或次生突发环境事件的最坏情景。

①火灾、爆炸、泄漏等生产安全事故及可能引起的次生、衍生厂外环境污染及人员伤亡事故；

②环境风险防控设施失灵或非正常操作；

③停电等情况；

④各种自然灾害、极端天气或不利气象条件；

⑤其他可能的情景。

（3）每种情景源强分析。针对上述提出的情景进行源强分析，包括释放环境风险物质的种类、物理化学性质、最小和最大释放量、扩散范围、浓度分布、持续时间、危害程度。有关源强计算方法可参考《建设项目环境风险评价技术导则》。

（4）每种情景环境风险物质释放途径、涉及环境风险防控与应急措施、应急资源情况分析。对可能造成地表水、地下水和土壤污染的，分析环境风险物质从释放源头（环境风险单元），经厂界内到厂界外，最终影响到环境风险受体的可能性、释放条件、排放途径，涉及环境风险与应急措施的关键环节，需要应急物资、应急装备和应急救援队伍情况。对于可能造成大气污染的，依据风向、风速等分析环境风险物质少量泄漏和大量泄漏情况下，白天和夜间可能影响的范围，包括事故发生点周边的紧急隔离距离、事故发生地下风向人员防护距离。

（5）每种情景可能产生的直接、次生和衍生后果分析。根据分析，从地表水、地下水、土壤、大气、人口、财产乃至社会等方面考虑并给出突发环境事件对环境风险受体的影响程度和范围，包括如需要疏散的人口数量，是否影响到饮用水水源地取水，是否造成跨界影响，是否影响生态敏感区生态功能，预估可能发生的突发环境事件级别等。

（三）找出差距、提整改意见

根据前面的分析，对现有环境风险防控与应急措施的完备性、可靠性和有效性进行分析论证，找出差距、问题，提出需要整改的短期、中期和长期项目内容：

1. 环境风险管理制度

（1）环境风险防控和应急措施制度是否建立，环境风险防控重点岗位的责任人或责任机构是否明确，定期巡检和维护责任制度是否落实；

（2）环评及批复文件的各项环境风险防控和应急措施要求是否落实；

（3）是否经常对职工开展环境风险和环境应急管理宣传和培训；

（4）是否建立突发环境事件信息报告制度，并有效执行。

2. 环境风险防控与应急措施

判断环境风险防控与应急措施中是否采取防止事故排水、污染物等扩散、排出厂界的措施，包括截流措施、事故排水收集措施等，并分析每项措施的管理规定、岗位职责落实情况和措施的有效性；

3. 环境应急资源

（1）是否配备必要的应急物资和应急装备（包括应急监测）。

（2）是否已设置专职或兼职人员组成的应急救援队伍。

（3）是否与其他组织或单位签订应急救援协议或互救协议（包括应急物资、应急装备和救援队伍等情况）。

4. 历史经验教训总结

分析、总结历史上同类型企业或涉及相同环境风险物质的企业发生突发环境事件的经验教训，对照检查本单位是否有防止类似事件发生的措施。

5. 需要整改的短期、中期和长期项目内容

针对上述排查的每一项差距和隐患，根据其危害性、紧迫性和治理时间长短，提出需要完成整改的期限，分别按短期（3个月以内）、中期（3~6个月）和长期（6个月以上）列表说明需要整改的项目内容，包括：整改涉及的环境风险单元、环境风险物质、目前存在的问题（环境风险管理制度、环境风险防控与应急措施、应急资源）、可能影响的环境风险受体。

第三节　环境应急预案管理

一　培训

企业应根据应急预案明确对员工开展的应急培训计划、方式和要求。明确对可能受影响居民和单位的宣传、教育和告知等工作；制定应急预案分级培训计划、方

式等，通过培训，使企业各级责任人明确岗位职责，掌握相应的应急处置措施；如预案涉及周围居民、企业、政府，预案相关内容对其进行宣传、告知。

二　备案

企业环境应急预案应当在环境应急预案签署发布之日起20个工作日内，向企业所在地县级环境保护主管部门备案。县级环境保护主管部门应当在备案之日起5个工作日内将较大和重大环境风险企业的环境应急预案备案文件，报送市级环境保护主管部门，重大的环境风险企业同时报送省级环境保护主管部门。

跨县级以上行政区域的企业环境应急预案，应当向沿线或跨域涉及的县级环境保护主管部门备案。县级环境保护主管部门应当将备案的跨县级以上行政区域企业的环境应急预案备案文件，报送市级环境保护主管部门，跨市级以上行政区域的同时报送省级环境保护主管部门。

环境应急预案如果过时，必须修订。企事业单位现有预案已超过三年、生产工艺和技术发生变化、周围环境敏感目标发生变化、不适应当前应急管理需要等情况，要及时修订。应编制或修订预案的企事业单位不编制、不及时修订或不按规定进行评估、备案的，责令其限期改正；逾期不改正的，环保部门将依法处罚。

企业环境应急预案首次备案，现场办理时应当提交下列文件：

（1）突发环境事件应急预案备案表。

（2）环境应急预案及编制说明的纸质文件和电子文件，环境应急预案包括：环境应急预案的签署发布文件、环境应急预案文本；编制说明包括：编制过程概述、重点内容说明、征求意见及采纳情况说明、评审情况说明。

（3）环境风险评估报告的纸质文件和电子文件。

（4）环境应急资源调查报告的纸质文件和电子文件。

（5）环境应急预案评审意见的纸质文件和电子文件。

三　签署发布

企业针对预案真实性及有效性进行审议，通过后由主要负责人签署负责，并发布实施。

四　环境应急响应

（一）监测预警

监测预警是对环境事件的超前管理，最大限度地防止环境事件的形成和爆发，并且在事件发生后，可使企业沉着应对、及时有效地处理事件。

（1）污染物监测。对废水及雨水外排口进行定期监测，油库的罐区、装卸区等重点区域安装可燃/有毒气体报警仪，实现早发现、早报告、早处置。

（2）应急监测。制定应急监测计划，配置相应的应急检测仪器，开展应急监测演练。如自身监测力量不能满足监测要求，可委托第三方实施。

（3）预警。当出现下列情况时，应急指挥机构应发出预警指令：

①环境大气预警：生产、存储设施及环保设施运行出现异常工况，如装置开停工、检维修，罐区清罐、倒罐，安全设施运行状态不正常（高低液位报警失效、可燃/有毒气体报警器失灵等），预警浓度依据《工作场所有害因素职业接触限值》中的"最高容许浓度"或"短时间接触容许浓度"。

②水体污染预警：当地方气象台发布气象灾害蓝色（Ⅳ级）及以上预警信息时，或油库区内雨水监控池、污水系统及雨水系统不能正常发挥作用时。

③溢油预警：国家或地方发布台风、暴雨、海啸等自然灾害预警；临水罐、泵、输油管线、事故池等设施出现异常工况；接到油品码头及涉水的输油管线附近水域有溢油报告时。

（二）应急响应

应急响应应建立分级响应机制，包括三方面工作内容：

（1）根据突发环境事件的级别，确定突发环境事件自下至上应急报告程序及应急指令分级下达程序；

（2）确定一、二、三级应急响应程序；

（3）明确各级应急预案启动条件。

对各级油品销售企业而言，一级响应的应急处置一般指油库、加油（气）站生产单位的环境事件，启动现场处置方案即可；二级应急响应一般指各省县市级销售企业能够控制的环境事件，需启动二级单位环境综合或专项应急预案；三级应急响应指中国石化最高应急指挥中心下达指令实施处置的环境事件。

（三）应急报告

环境事件发生单位在发现或者得知环境事件信息后，对环境事件的性质和级别做出初步认定。

对初步认定为特别重大（Ⅰ级）、重大（Ⅱ级）或者较大（Ⅲ级）环境事件的，应当在1小时内上报应急指挥中心；对初步认定为一般（Ⅳ级）环境事件的，应当在4小时内上报。若环境事件发生初期无法按事件分级标准确认级别，报告上应注明初步判断的可能级别。随着事件的发展，进一步核定环境事件等级，事件级别发生变化时，应按照变化后的级别报告信息。

环境事件应急报告分初报、续报和处理结果报告。

1）初报

初报是指在发现或者得知突发环境事件后首次上报。

初报应当报告环境事件的发生时间、地点、信息来源、事件起因和性质、基本过程、主要污染物和数量、监测数据、人员受害情况、对周边环境污染情况、事件发展趋势、事件初步原因分析、采取的应对措施、事件潜在危害程度等初步情况，并提供可能受到突发环境事件影响的环境敏感点的分布示意图。

2）续报

续报是指在查清有关基本情况、事件发展情况后随时上报。续报应当在初报的基础上，报告有关处置进展情况。

3）处理结果报告

处理结果报告是指在突发环境事件处理完毕后上报。处理结果报告应当在初报和续报的基础上，报告处理突发环境事件的措施、过程和结果，突发环境事件潜在或者间接危害以及损失、社会影响、处理后的遗留问题、责任追究等详细情况。

环境事件信息应当采用书面报告。在情况紧急时，初报可通过电话报告，但应当在事件发生后2小时内补充书面报告。

（四）应急物资管理

环境应急资源包括应急反应人力资源和应急物资。人力资源是指训练有素的应急队伍，对于大规模环境污染事故，还需要有关行业、部门的配合与支援；应急物资是用来控制和清除溢油的设备，主要有围油栏、撇油器、吸油材料、浮油回收船、运输设备、化学制剂等。

应急反应人力资源的主干部分是应急反应队伍，负责污染事故现场处理，包括一定规定、规模和数量的污染清理设备、器材和训练有素的操作人员。应急队伍在环境应急过程中的具体任务由现场指挥安排，同一应急队伍在不同层级的应急反应中所处的地位和承担的责任是不同的。如某油库的应急队伍在一级反应中，可能独立承担溢油事故的围控和清除责任，而在高一级的反应中，只能作为应急力量的一部分，承担部分或区段的作业任务，其队伍的组织者（或指挥）要服从高一级指挥的具体安排。

对于企业应急物资的配备管理，各企业可根据自身的情况合理配备。企业应建立应急物资管理制度，配备专人进行管理维护，加强培训，提高应急人员对于应急物资的熟练程度。企业也可与周边的专业清污公司、队伍、地方政府等单位建立应急联动机制，一旦发生事故可在第一时间调动足够的应急物资进行清污。应急物资配置可参考《中国石化销售企业应急物资配备指导意见》，如表5-1所示。

表5-1 溢油处理装备及物资

序号	名称	单位	标准配置数量					技术或功能要求	备注
			区域应急中心	一、二级油库	三级油库	输油站	加油站		
1	冲锋舟								必要时可选择租赁
2	橡皮艇	艘	2	0	0	1	0	6人乘坐，人力滑行，可满足10min内快速充气	大区公司输油站场
3	防渗透布（防静电）	m²	400	200	200	200	0		
4	吸油绳	m	400	200	200	200	0		根据周边水域情况
5	轻便型围油栏	m	200	200	200	200	0	吃水深度不小于0.15m，栏裙高不小于0.5m	根据周边水域情况
6	中型围油栏	m	500	200	200	200	0	吃水深度不小于0.46m，栏裙高不小于0.7m	根据周边水域情况
7	海上围油栏	m	1000	0	0	0	0	大于1000mm，可抵御4m风浪	海上溢油处理依托于海事和专业的港口服务公司
8	围油栏布放舱	个	4	2	2	2	0		根据周边水域情况

续表

序号	名称	单位	标准配置数量					技术或功能要求	备注
			区域应急中心	一、二级油库	三级油库	输油站	加油站		
9	滚筒式水面收油机	套	1	0	0	0	0	收油量不小于10m³/h	根据周边水域情况
10	真空吸油泵	套	1	0	0	0	0		
11	堰式收油机	套	1	0	0	0	0	收油量不小于50m³/h	海岸油库考虑配置
12	储油囊	个	4	2	1	1	0	每个不小于5m³	
13	便携式集油池	个	1	1	1	1	0	不小于5m³	
14	吸油毡	kg	100	50	50	20	20	棉、卷、片、毯任意，邻水库需配备0.5t	就近寻求供应商，签订应急供应协议，邻水
15	消油剂	kg	50	20	10	10	5		就近寻找供应商，签订应急供应协议
16	消油剂喷洒装置	套	2	1	1	1	1		根据周边水域情况
17	红外测温仪	个	2	2	0	1	0	带高低温报警功能	
18	便携式气象仪	个	2	1	1	1	0	测量风速、风向、温度、湿度、大气压等气象参数	
19	电火花检测仪	台	2	0	0	0	0		
20	多功能手持式气体检测仪	台	2	2	2	2	2	可检测可燃气体、氧气浓度等	

第四节　现场环境应急处置

一　水体污染应急处置

1. "三关"原则

针对涉水油库、加油站发生水体环境污染事故时，应急处置遵循"三关"原则，即：

第一关：优先把事故污水控制在罐区防火堤内，优先把事故污水调入调、储、处理能力强的与含油雨水池相连通的含油污水（雨水）系统；

第二关：把事故污水控制在油库、加油站界区内；

第三关：即便在最不利的情况下，也要避免大量污染物进入敏感水域。

2. 事故应急处置步骤

事故应急处置过程中，应遵循以下步骤：

第一步，确定事故污水排放系统畅通。

第二步，尽可能减少事故汇水区水量。对事故区域事故污水进行有效控制与阻断，合理分流、减少事故汇水区其他设施产生的污水或雨水，减少事故状态下污水的产生量，尽可能地降低事故罐（池）负荷。

第三步，设施污水转输、暂存。根据事故汇水区面积，结合消防水量及降雨量，预测事故罐（池）的接受能力，制定合理的污水转输方案，及时实施污水转输暂存。

3. 注意事项

企业的水突发环境事件风险防控应作为一项系统工程统筹考虑和部署，还应特别注意以下几点：

（1）坚持把"三关"的原则，即便在最不利的情况下，也要设法避免大量污染物进入敏感水体。各级环境应急预案之间应设置接口，并规定响应内容，以确保整体预案协调有效运行。

（2）加强应急演练。结合国家法规要求和企业实际，持续完善突发环境事件风险应急预案并定期演练，加强应急人员能力培训。

（3）加强应急设施和物资配备。按照风险防控全过程把"三关"的要求，梳理并配齐需要的应急设施和物资，并保证其数量、型号、质量能够满足应急的要求。

（4）加强风险预警。如出现水体风险预案中的主要设施不在完好状态（调、储、输送设施在检修或被临时占用等），或是出现暴雨等最为不利的情况，应启动预警机制，除应采取有效措施化解不利因素外，在此期间还应要求各有关人员（包括指挥员、战斗员）24小时值班，以防不测。

二　土壤污染应急处置

（1）油品或液体危险化学品在发生泄漏造成土壤环境污染时，应立即采取措施控制泄漏源，避免油品或危险化学品的进一步泄漏。

（2）大量油品或液体危险化学品在发生泄漏污染土壤时，对泄漏物进行筑堤堵截或者引流到安全地点，防止泄漏物四处蔓延扩散。

（3）危险废物或其他固体污染物洒落在地面或土壤上，应尽可能将其收集到合适的容器中保存，视情况决定是否要将受污染的土壤剥离后再做处理。

（4）对受污染土壤按以下几种方式进行处理：

①暂时保存法。将受污染的土壤清除剥离后，装在可密封的容器中保存，待有条件时再做处理。

②将受到污染的土壤挖出，按照国家法规要求进行处理。

③物化或降解法。环境不允许大量挖掘和清除土壤时，可使用物理、化学和生物方法消除污染。

三　大气污染应急处置

大气污染应急处置原则：首先要保证救援人员的自身安全；其次采取有效措施切断有毒、有害气体的泄漏源；最后利用喷洒解毒剂等方法对空气中的有毒有害气体进行洗消、控制，并通知下风向人员进行安全撤离。

1. 预防和处置原则

（1）加强企业日常安全防范。有毒、有害化学品生产、储存、使用、运输等环境风险源单位按照有关规定，制定切实可行的事故应急救援预案，并采取预防性保护措施。

（2）加强日常监控。加强对有毒、有害化学品生产、储存、使用、运输等环境风险源单位的监督管理工作，督促存在问题单位及时排除隐患。如油品销售企业要及时关注各类测漏设备异常报警情况、油气回收设备密闭性情况，发现问题及时处理或报修。

（3）加强部门间的信息交流和监测，做好早期预警。

（4）事件发生后及早报告，及时采取初期处置措施。

（5）遵循"以人为本、救人第一"的原则，积极抢救已中毒人员，立即疏散受毒气威胁的群众。

（6）做好现场应急人员的个人防护，制定现场安全规则，禁止抢险现场的不安全操作。

（7）采取一切措施，迅速阻止有毒物质泄漏。

（8）提早采取一切措施控制和消除污染影响。在保证人员安全的前提下，积极实施扩散、稀释、降解、吸附等人工干预，迅速降低毒气浓度。如加气站出现气体泄漏，第一时间关闭站内电源并有序组织人员撤离，同时向119/110进行报警，上报属地应急管理局和生态环境局。

（9）及时、准确发布信息，消除群众的疑虑和恐慌，积极防范污染衍生的群体性事件，维护社会稳定。

2. 现场应急处置措施要点

（1）相关部门接到毒气事故报警后，必须携带足够的氧气、空气呼吸器及其他特种防毒器具，在救援的同时迅速查明毒源，划定警戒区和隔离区，采取防范二次伤害和次生衍生伤害的措施。

（2）调查事故区和相邻区基本情况，明确基本风险状况。包括居民区、医院、学校等环境敏感区情况，上下风等气象条件和其他相似隐患等。

（3）开展监测与扩散规律分析。根据污染物泄漏量、各点位污染物监测浓度值、扩散范围，当地气温、风向、风力和影响扩散的地形条件，建立动态预报模型，预测预报污染态势，以便采取各种应急措施。

（4）积极采取污染控制和消除措施。应急救援人员可与事故单位的专业技术人员密切配合，采用关闭阀门、修补容器和管道等方法，阻止毒气从管道、容器、设备的裂缝处继续外泄。及时对已泄漏的毒气及时进行洗消。常用的消除方法有以下三种：

①控制污染源。抢修设备与消除污染相结合。抢修设备旨在控制污染源，抢修越快受污染面积越小。在抢修区域，直接对泄漏点或部位洗消。

②确定污染范围。做好事故现场的应急监测，及时查明泄漏源的种类、数量和扩散区域；污染边界明确，洗消量即可确定。

③控制影响范围。利用就近器材与消防装备器材相结合，对毒气事故的污染清除，使用机械设备、专业器材消除泄漏物。

四　固体 / 危险废物污染应急处置

（一）预防和处置原则

（1）加强危险废物日常监管。企业环境保护部门要严格执行危险废物申报、危险废物转移联动、危险废物处置经营许可、危险废物集中无害化处置等制度，防止危险废物违法违规处置、丢弃、监管失控等情况发生。

（2）开展对产生危险废物单位、临时储存场所、处置场所等风险源的监控工作。

（3）加强早期预警，事件发生后及时报告，及时采取处置措施。

（4）遵循"以人为本、救人第一"的原则，积极抢救已中毒人员，必要时疏散受污染威胁的群众。

（5）采取必要措施，积极预防和控制废弃污染物泄漏、起火、爆炸等事故次生安全和污染事件。

（6）根据危险废物危险性质，做好现场应急人员的个人防护，制定现场安全规则，禁止抢险现场的不安全操作。

（7）按照环境安全标准，收集、清洗和无害化处理受污染介质。

（8）及时、准确发布信息，消除群众的疑虑和恐慌，积极防范污染衍生的群体性事件，维护社会稳定。

（二）现场应急处置措施要点

1. 警戒与治安

在事故应急状态下，在事故现场建立警戒区域，维护现场治安秩序，防止无关人员进入应急现场，保障救援队伍、物资运输和人群疏散等交通畅通，避免发生不必要的伤亡。

2. 人员救护

明确紧急状态下，对伤员现场急救、安全转送、人员撤离以及危害区域内人员防护等方案。

以下情况必须部分或全部撤离：①现场产生剧烈爆炸；②溢出或化学反应产生了有毒烟气；③火灾不能控制并蔓延到厂区的其他位置，或火灾可能产生有毒烟气；④应急响应人员无法获得必要的防护装备情况下发生的所有事故。

　　撤离方案应明确撤离的信号方式（如报警系统的持续警铃声）、撤离前的注意事项（如操作工人应当关闭设备等）、发出撤离信号的权限（如事故明显威胁人身安全时，任何员工都可以启动撤离信号报警装置）、撤离路线及备选撤离路线、撤离后进行人员清点等。

　　3. 现场处置措施

　　明确各事故类型的现场应急处置的工作方案，包括：①现场危险区、隔离区、安全区的设定方法和每个区域的人员管现规定；②切断污染源和处置污染物所采用的技术措施及操作程序；③控制污染扩散和消除污染的紧急措施；④预防和控制污染事故扩大或恶化的措施（如停止设施运行）；⑤污染事故可能扩大的应对措施；有关现场应急过程记录的规定等。

　　现场应急处置工作的重点包括：①迅速控制污染源，防止污染事故继续扩大，必要时停止生产操作等，②采取覆盖、收容、隔离、洗消、稀释、中和、消毒等措施，及时处置污染物，消除事故危害。

　　4. 紧急状态控制后阶段

　　事故得到控制时，应急人员必须组织进行后期污染监测和治理，包括：①处理、分类或处置所收集的废物、被污染的土壤或地表水；②清理事故现场；③进行事故总结和责任认定；④报告事故；⑤在清理程序完成之前，确保在被影响区域进行任何与泄漏材料性质不相容的废物处理储存或处置活动等安全措施。危险固体废物无害化处置技术及回收利用的方法主要有：焚烧法、化学法和生物法。

五　陆域溢油处置技术

　　发生陆域溢油应立即切断泄漏源，然后采取拦挡、挖截流沟等方式截断泄漏油品，防止污染面积进一步扩大。控制一切火种与火源，防止产生燃烧或爆炸等更严重的后果。用合适的设备或设施收集地表低洼处的油品，铲除受油品污染的表土，以防止油品继续向下渗漏并污染地下水。陆域溢油处置技术主要有以下几种。

（一）修筑围堤

　　修筑围堤是控制陆地上的液体泄漏物最常用的收容方法。常用的围堤有环形、直线型、V形等。通常根据泄漏物流动情况修筑围堤拦截泄漏物。如果泄漏发生在平地上，则在泄漏点的周围修筑环形堤。

（二）挖掘沟槽

挖掘沟槽分为陆上和水下两种形式。陆上挖掘沟槽是控制陆地上的液体泄漏物最常用的收容方法。通常根据泄漏物的流动情况挖掘沟槽收容泄漏物。如果泄漏物沿一个方向流动，则在其流动的下方挖掘沟槽；如果是四散而流，则在泄漏点的周围挖掘环形沟槽。

（三）使用土壤密封剂避免泥土和地下水污染

使用土壤密封剂的目的是避免液体泄漏物渗入土壤中污染泥土和地下水。一般在泄漏发生后，迅速在泄漏物要经过的地方使用土壤密封剂，防止泄漏物渗入土壤中。土壤密封剂既可单独使用，也可以和围堤或沟槽配合使用。直接用在地面上的土壤密封剂分为反应性的、不反应性的和表面活性的三类。常用的反应性密封剂有环氧树脂、甲醛和尿烷。这类密封剂要求在现场临时制成，且在恶劣的气候条件下较容易地成膜，但其有一个温度使用范围。常用的不反应性密封剂有沥青、橡胶、聚苯乙烯和聚氯乙烯，温度同样是影响这类密封剂使用的一个重要因素。

六　水上溢油处置技术

水上溢油情况在发生时，一般先把溢油围起来，防止其继续扩散，以便于回收和处理。目前防止溢油扩散的成形技术主要有集油剂和围油栏两种。

（一）喷洒集油剂

集油剂是一种防止油扩散的界面活性剂，亦可以说是一种化学围油栏。集油剂能够防止溢油沿水平方向扩散的机理是其成分中的表面活性剂可以大大减少水的表面能，因此改变了水—油—空气三相界面的张力平衡，驱使入海溢油进入厚层。

当溢油层较薄，使用回收机械很难收效时，宜喷洒集油剂。比例为每平方千米溢油面喷洒50L集油剂。集油剂应用于整片溢油区的外围，阻止溢油扩散，缩小溢油面积，使油层厚度增加到5～10mm。在操作过程中，定时添加少量集油剂，便于回收装置的操作，提高油回收器的使用效率。

液态的集油剂采用压力喷头由岸边或船上喷到水面上，先使集油剂形成一薄膜，随后不断添加，以补充风引起的集油剂的损失，维持其围油的效果。当集油剂以小滴或半固体集合体停留在水面上时就说明集油剂过量了。可暂时停止喷洒集油剂，待这种现象消失后再添加，避免浪费。

油厚对集油效果有直接影响。研究结果表明，油层厚度每增加0.4mm，油面回缩的面积会减少10%，此时即使增加集油剂也无法提高集油率。正确的做法是一旦油层在集油剂的作用下增厚到5~10mm，就可使用回收装置，并及时回收集化的溢油。

集油剂宜在海岸、港区、海滨附近或炼油厂排水口使用，当风与海岸平行或远离海岸时，集油剂集油效果理想。当风速大于2m/s时不宜使用，因为此时风产生的风压水流速度超过了集油剂形成的表面膜的伸展速度。

集油剂撒布作业比围油栏容易而且迅速，所以，一旦溢油时，作为应急措施，首先撒布集油剂，阻止溢油的扩散，然后再配置围油栏，也是一种理想的程序。另外，为了防止溢油向特定的水域（如鱼场）扩散，撒布集油剂也是可行的手段。根据试验和使用的经验证明，集油剂对防止非持续性油品（煤油、柴油、轻油等）和重油的扩散是有效的。

（二）铺设围油栏

围油栏是防止溢油扩散、缩小溢油面积、配合溢出油回收的有效器材。为了能最理想地防止溢油扩散，根据溢油性质和溢油海区水文气象条件及周围环境状况确定围油栏铺设方法也是相当重要的。围油栏铺设方法基本有以下6种。

1. 包围法

在溢油初期或者单位时间溢出量不多以及风和潮流的影响因素都较小的情况下，采用包围溢油源的方法。如果由于风和潮流的原因溢油有可能从围油栏漏出的情况下，可铺设两道围油栏。根据溢油回收作业的需要，应设作业船、油回收船的进出口。

2. 等待法

在溢油量大、围油栏不足或者风和潮流影响大、包围溢油困难的情况下，采用等待法拦油。该法是根据风向、潮流情况在离溢出源一定距离铺设围油栏，等待拦油，也可根据具体情况铺设两道或三道围油栏。

3. 闭锁法

在港域狭窄的水路、运河等地发生溢油时，可采用围油栏将水路闭锁的方法防止溢油扩散。若在水的流速大、闭锁有困难或者全闭锁会影响交通的情况下，可采用中央开口式的铺设法，也可铺设两道或三道围油栏。

4. 诱导法

在溢出油油量大，风、潮流的影响也大、溢油现场用围油栏围油不可行的时候，或者为了保护海岸以及水产资源，可利用围油栏将溢油诱导到能够进行回收作业或者污染影响较小的海面上，根据现场实际情况设置多道围油栏。

5. 移动法

在深水的海面或风、潮流大的情况下，以及使用锚不可能或者溢油在海面漂流的范围已经很广的场合，多采用移动法围拉拦油。该法需要两艘作业船拖，在实际铺设时可根据具体情况灵活应用，也可两种方法或两种以上方法同时并用，并且还应考虑随时变化的自然条件，以便有计划地采取相应的措施。

6. 气幕法

气幕法是一种特殊形式的防止溢油扩散装置。它是由空气压缩机、多孔管构成。多孔管铺设在水下，由空压机供给压缩空气，当空气从管孔中逸出时在水中形成气泡上浮，同时伴随产生的上升水流在海表面形成表面流，利用表面流防止溢油扩散。

气幕法拦油多用于港区、运河地区、潮流在0.6kn以上适用。该法的优点是使用方便、迅速、受风浪的影响较小，造价低。另外，海底式的气幕船舶可以自由航行，快速赶赴现场，但多孔管气孔易被沉积物以及海洋附着生物堵塞，这个问题应予以关注。

（三）人工回收

人工回收是相对使用专门回收机械而言。就其使用的工具来讲，轻便、简单易行。当溢油量少、气象条件好的情况下，溢油发生以后，可立即组织人员用舢板、小船、渔船或拖轮等（也可用网具、撒油器、吸油材料、油处理剂等）将溢油回收处理。另外，当溢油扩散到岸边时，采用人海战术回收也是最常用的方法之一。

1. 吸油材料回收

利用吸油材料回收海面溢油，是一种经常采用的简单而有效的方法。由于该法不产生二次公害，所以被广泛应用来防除油污。能够用作吸油材料的物质很多，其中主要有：

①高分子材料：聚丙烯、聚氨酯、聚乙烯和聚酯等；

②天然纤维：稻草、麦秆、草碳纤维、纸渣、纸、木屑、芦苇、鸡毛等；

③无机材料：碳粉、珍珠岩、浮石、硅藻土、玄武石等。

至今，应用最多的是聚丙烯和聚氨酯为原料制成的吸油材料，以及利用天然纤维加工处理制成的吸油材料。聚丙烯、聚氨酯制成的吸油材料，吸油性能好，效率高，吸油量至少在自重的10倍以上，而且不易变质，弹性、韧性好，能够反复使用，但价格比天然纤维吸油材料高。

在利用吸油材料回收溢油时，通常是直接向溢油上撒布，并应尽量向油多的地方撒布。当吸油量达到饱和状态时，及时回收。当使用二道围油栏拦截溢油时，亦可利用吸油材料回收第一道围油栏漏出的油。

当撒布的吸油材料数量少时，在岸上或围油栏外侧，乘小船或作业船，人工用工具将吸油材料捞起，放入桶里或塑料袋里即可。如果大量撒布时，可用作业船拖带网袋回收。在风浪较大的现场，吸油材料的回收是很困难的。为此，国外也有采用把吸油材料装在长形网袋中，形成一条围油栏的形状用拖船拖带，当吸油材料吸油饱和后，收拢网袋，回收吸收材料。这种方法的优点是吸油材料不需单独撒布，不会跑掉，而且在一定程度上又起到了拦油的作用。

常用的吸油材料都能重复使用，但有些天然纤维吸油材料只能使用一次。不论一次性使用的吸油材料，还是重复性使用的吸油材料，最终处理方法几乎都是燃烧处理。值得注意的是，国外某些聚氨酯吸油材料虽然容易燃烧，但会产生少量的有害气体。而聚丙烯吸油材料燃烧处理困难，要求高温，需采用专用炉处理，并且容易固结。

2. 机械回收

用于回收水面溢油的机械通常有：油回收船、油吸引装置、网袋回收装置和油拖把装置等。由于每种油回收装置都有一定的局限性，故近年来在溢油回收实际应用中往往针对溢出油油种和发生溢油海区的现场海况，采用两种或多种回收装置共同作业。

1）油回收船

油回收船的种类繁多，各有优劣，共同的特点是在平静的水面和油层厚的情况下，回收效果好，但由于溢油的形状和海上水文气象条件等不同，差别也很大。

溢油回收船按船体分，有单体船和双体船之分。单体船的回收装置又有单侧和双侧回收两种；双体船的回收装置在双体之间，这种形式对溢油回收很有利，所以新近建造的油回收船大多都是双体船。

回收船的溢油回收效果好坏，除船本身的性能外，更主要取决于船上的溢油回收装置性能。根据被回收溢油的种类，在海上漂浮的性状以及回收船所适应的海域等情况，现已经设计制造出多种类型的油回收装置。其主要类型分别为：倾斜板式、吸引式、可变堰流入式、皮带式、转筒吸附式、刮板式以及混合式等。

2）网袋回收装置

高黏度的溢油漂浮在海面上，由于风浪的作用逐渐形成片、块状，尤其在冬季低温度时更容易形成。另外，亦可以使用凝油剂使一些黏度低的油在海面凝结成块。对于这样的溢油可采用网袋回收装置回收。

网袋回收装置进行回收作业时，将网袋回收装置放到海上，由两艘拖船和一艘作业船指挥，监视浮油回收，封闭袋口，拆、装网袋等。网袋回收油块满后，拆卸下并拖带到船或岸边，吊送到接受设备里，运至处理设施中进行处理。

网袋回收装置具有结构简单、造价低、便于保管的优点，并且它除了回收溢油外，还可以回收漂浮在海面上的吸油材料和垃圾等。

3）油拖把回收装置

油拖把回收装置是以聚丙烯等吸油性能好并且能够反复使用的纤维吸油材料制成的松软油拖把，由于聚丙烯具有亲油疏水的特性，因此对浮油有良好的吸附功能。油拖把有直径为10m、15m、22m、30m、60m、90m、100m等7种规格，随着直径的增加，吸油率提高。一般小规格应用于内河及港湾码头，而大直径的油拖把可用于外海域大面积的溢油处理。

油拖把是靠油拖把机传动的。当油拖把接触水面油层时，油就被油拖把上的纤维吸收；当油拖把离开水面，在后面导轮上进行反向移动和经过油拖把机中的两个滚轮当中时，吸附的浮油被挤压出来流入油槽，然后油拖把继续进入水面重复吸油过程。通常在溢油回收时，是将油拖把机及油拖把装于双体船上，配以输油泵等成为浮油回收船。在作业时，利用油拖把机的变速将油拖把速度调整到与水流速度相等（即相对速度为0），此时油拖把接触水面吸收浮油，不致扰动油层使油水混合，因此有较好的回收效果。水面溢油应急处置措施一般可以分为物理法、化学法和生物处理法。在清除海面和海岸溢油时，油膜较厚时采用物理方法和机械装置是最有效的，但该法不适合清除乳化油。常见的处置设施有围油栏、收油机、吸油材料。在油膜较薄，难以用机械方法回收或可能引发火灾的情况下，宜采取化学处理方法。常见的化学药剂有分散剂/消油剂、固化剂/凝油剂。物理法消油很难去除海水表面的油膜和海水中的溶解油，采用化学法实际上是向海水中投入化学物质，容易造成二次污染。海洋微生物具有数量大、种类多、特异性和适应性强、分布广的特点，因此利用微生物降解油污染的生物修复具有物理法和化学法不可比拟的优点。

第五节　环境应急案例

一　水污染应急处置案例

（一）事故起因及概况

2008年8月26日6时45分，位于广西的某维尼纶集团有限责任公司（以下简称某维集团）的有机车间，由于乙炔气体泄漏发生爆炸事故。现场5个工段全都爆炸起火，爆炸中约1200t化工原料（甲醇、醋酸、醋酸乙烯酯）被燃烧或随消防水通过排污口进入环境。厂区排污口距离龙江河约1km，距离河池与柳州两市河流交接断面（杨民断面）约30km。

（二）应急处置情况和采取的措施

1. 及时启动突发环境事件应急预案，决策科学果断

根据事故情况，河池市市委、市政府立即组织市消防、安监、环保以及西乡塘区政府等有关部门在第一时间赶到现场，开展处置工作。同时立即启动应急预案，成立了市委书记、市长担任总指挥长的救援指挥部，统一协调指挥、组织开展消除事故现场污染隐患、处置水污染物，下设现场救援组、医疗救护组、环境监测组等10个工作组，全面迅速展开救援工作。当地环保部门启动突发环境事件预案，组成了由河池市纪委书记任组长的环境应急检测组。环境监测中心站领导及应急人员赶赴现场，调度监测力量开展监测工作，并迅速通知了相邻近的柳州、桂林两市监测站做好应急准备，随时支援。

2. 迅速疏散现场群众，确保下游居民饮水安全

现场指挥部于当日上午8：40发出了关于疏散某维集团5km范围内人员的第1号通告，确保了周边居民及内部员工的生命安全。上午11：10，工作组发出第2号通告，禁止饮用龙江河下游以下龙江河水，并通知龙江河段内的各网箱养鱼户搬迁至安全河段，同时与柳州市柳城县环保局联系，告知事故严重情况，通知做好下游群

众的饮水安全等保护工作。由于通报及时，龙江河下游沿岸居民已停止饮用龙江水，另外调用其他（非龙江水源）饮用水解决居民饮水问题。

3. 对受污染水体和大气开展应急监测、处置

1）对受污染水体和大气开展应急监测

爆炸发生后，当地消防部门大量用水灭火，而某维集团有机分厂应急池因故障未能正常运行，且未修建应急日堰，致使部分化工原料随消防用水通过该厂总排污口进入龙江河。现场指挥部立即要求环境应急监测组在总排污口和龙江河沿河下游设置了5个固定点位和1个游动监测小组开展水质应急监测，并对污染带前锋进行追踪，监测频率为每小时1次。在事发地的下风向区设置了3个大气监测点，随时跟踪监测空气质量，为现场指挥部决策提供了有力的支持。

2）设置吸附拦截坝减轻泄漏污染物对水体的污染

某维集团有机分厂在事故发生后第一时间切断了生产、生活水源，减轻了向龙江河的排污量。但由于消防用水量过大，对龙江河的水质安全造成较大威胁。为了避免消防用水引起的二次污染，根据实际情况，一方面将废水直接抽到新建未投入使用的污水处理池存放，另一方面在排污沟下游用角钢、木料打桩，先后修筑四道坝，投放14.1t活性炭吸附废水中污染物。经过用活性炭筑坝过滤污水，流入龙江可废水中COD浓度由原来的约10000mg/L降到了1100mg/L左右，应急措施取得了较好的效果。

4. 做好善后事宜，确保不留隐患

事故发生后，现场指挥部安排了100多名防化专业人员，清点核查厂区内易爆有毒物品，并有序组织此类物品的安全转移工作，防止新的爆炸事件发生。其中，危害性较大的液氯被及时转移至南宁化工厂，有效避免了事故的恶化。针对消防部门灭火需要大量用水，而现场应急池出现故障且无应急围堰的情况，华南环保督查中心工作组现场提出对爆炸灭火应少用水、多用泡沫灭火的措施，以减轻对下游龙江河的影响。至8月27日，火灾已被扑灭，但由于厂区内储罐温度较高，存在燃烧隐患，需要冲水降温。针对此情况，现场指挥部一方面决定在确保安全部的情况下尽可能减少用水，另一方面抓紧时间修建应急围堰，恢复应急池正常使用以暂时贮存消防废水，避免污染物直接进入龙江河。经过当地环保部门连日监测，龙江河水质未出现异常。

二　大气污染应急处置案例

（一）事故基本情况

9月27日19：00，祁阳县应急办接到群众举报，县城浯溪镇东江桥附近，发现一个废弃的钢罐，不时有刺激性较强的气雾喷出，疑似有毒气体。县应急办立即向县委、县政府主要领导汇报，并根据县委、县政府主要领导的指示，一名副县长和县环保局、县公安局、县消防大队、县安监局、县卫生局等单位负责人赶赴现场，查明原因。19：10，通过现场勘察，发现该钢罐长约1.5m，直径约1m，倒置在河岸边，罐内残留物为液氯，存量约50kg，上部有一直径约1cm的泄漏口，大量的黄绿色氯气正不断从泄漏口涌出，周边50m范围内的空气中弥漫着刺鼻的气味。氯气是一种剧毒、助燃、有刺激性和腐蚀性的气体，一旦泄漏会对空气、水体、土壤环境造成严重污染，对人和动植物造成严重危害。泄漏现场紧靠县城中心地带，又临近湘江支流祁水河，若泄漏的氯气大面积扩散，将严重威胁到县城数万名居民的生命安全和生存环境，对祁水河下游乃至湘江都会造成水体污染。

（二）事故应对处置过程

1. 靠前指挥，启动预案

氯气泄漏处置工作刻不容缓。按照《祁阳县危险化学品行业重特大安全事故应急预案》的要求，成立了由一名副县长为总指挥的危险化学品应急处置指挥部，并设立6个现场应急处置小组，各小组按照分工在指挥部统一指挥下，立即开展处置行动。

（1）消防控制组。由消防大队负责，对储罐泄漏点实施近距离堵漏，同时利用水枪对泄漏到空气中的氯气进行稀释处理，防止大面积扩散。

（2）环境监测组。由环保局负责，对大气、水体、土壤进行环境即时监测，为指挥部处置决策和消除事故污染提供依据。

（3）医疗救护组。由卫生局负责，随时待命，做好现场伤员的紧急医疗救护。

（4）警戒疏散组。由公安局负责，对现场群众及周边的居民进行疏散，设置安全警戒线，禁止无关人员和车辆进入。

（5）转移处置组。由环保、安监等部门负责，组织力量和设备将液氯罐转移到具备处置条件的场所进行处理。

（6）综合协调组。由县应急办负责，做好各小组及相关部门之间的协调工作，搜集现场信息，及时向县委、县政府主要领导和永州市应急办报告。

2. 果断处置，现场堵漏；时间紧迫，事不宜迟

泄漏点早一分钟堵上，就会少一分钟危害。面对不断涌出的氯气，消防战士置个人安危于不顾，佩戴空气呼吸器，携带堵漏工具，近距离对泄漏点进行紧急堵漏。由于罐体陈旧、表面锈蚀，而且罐内液氯残留多，压力高，泄漏点大，使用电磁式堵漏工具3次试堵都没有取得实质性成效，现场指挥部果断决定采用第二套方案，实施木楔堵漏，经过30min不懈努力，在19：40，木楔堵漏取得成功。

3. 部门配合，安全转移

液氯罐泄漏口虽暂时被堵住，但罐内近50kg的残留液氯还有可能会再次泄漏。为彻底消除隐患，防止再次出现险情，必须将这颗"不定时炸弹"转移处置。经过了解，县自来水总公司某水厂有氯气处置池，具备处置条件，现场指挥部立即调来一台大型铲车运送液储罐。为避免储罐在运送过程中碰撞再次发生泄漏，在铲车内置入松软的泥土、稻草等填充物。在行车路线选择上，指挥部决定避开县城主干道，改走车少人稀的道路。转运途中，铲车小心翼翼，缓慢前行，水罐消防车沿途护送，各救援小组如履薄冰，严阵以待。20：30，液储罐被成功转移至县自来水总公司某水厂。

4. 全力以赴，排除险情

在转运同时，用于中和液氯的生石灰已紧急调运到某水厂。21：10，对氯气罐的废气处置正式开始。由于转运路程远且沿途颠簸，就在把氯气罐放入处置池的瞬间，堵漏木楔松动，泄漏口突然进开，氯气喷涌而出，瞬间弥漫了整个处置现场，数十名参与现场处置人员的生命安全面临着巨大的威胁。面对这突如其来的紧急危情，指挥部沉着冷静，迅速调整部署：

（1）由两名消防队员不间断地喷射雾水流罩住向外弥漫的氯气，控制氯气大面积扩散；

（2）由两名消防队员着重型防化服，立即对泄漏点实施强攻堵漏；

（3）相关单位人员齐心协力往处置池内不断投放生石灰，加大稀释、中和力度；

（4）划定隔离区，疏散无关人员，严格控制进出。至21：25，液氯罐的第二次堵漏成功，险情得以成功排除。

5. 齐心协力，成功清氯

为便于对氯气罐中剩余废气进行中和处理，第二次堵漏并未将泄漏点全部堵死，而是预留一个小缝隙，让罐内氯气缓慢排入处置池，避免直接排空。由于处置方法得当，氯气以预想的速度向外排出，排出的氯气马上与处置池中的生石灰水发生中和化学反应，消除了毒性。消防控制组继续喷雾水对处置现场空间进行稀释，并加强对处置现场的后期监护。至28日上午9：00，经专业部门检测，处置现场各项环境指标均已达标。至此，"9·27"氯气泄漏事故处置取得圆满成功。

第六节　环境应急装备功能及使用方法

环境应急装备主要可以分为两大类：

一是防护类物资，主要指处理事件过程中人员所使用的防护性物资，对现场处置人员进行保护，防止受到外环境的伤害；

二是处置装备，主要指针特殊事故处置所需特定的物资。

一　防护类物资

（一）防毒面具

1. 功能介绍

防毒面具按防护原理，可分为过滤式防毒面具和隔绝式防毒面具。过滤式防毒面具，由面罩和滤毒罐（或过滤元件）组成；隔绝式防毒面具，由面具本身提供氧气，分贮气式、贮氧式和化学生氧式。为了防止对面部皮肤过敏，的防毒面具的材质已由普通橡胶，改为采用硅胶制作的全面罩主体，抗老化，防过敏，耐用，易清洗。各种防毒面具的材质和结构不同，但都可以参照同样的使用方法。

2. 使用方法

（1）防毒面具由面罩和滤毒罐，如图5-3所示。

（a）面罩　　　（b）滤毒罐

图5-3　防毒面具

（2）防毒面具佩戴与拆卸的操作步骤如下。

步骤一：将防毒面具置于正确的佩戴位置，如图5-4（a）所示。

步骤二：将防毒面具上各松紧带拉紧，使防毒面具紧贴面部，如图5-4（b）所示。

步骤三：取下滤毒罐罐盖和底塞，如图5-4（c）所示。

步骤四：将滤毒罐与防毒面具下部的衔接口通过旋转的方式连接紧密，如图5-4（d）所示。

步骤五：用手掌或滤毒罐底塞堵住滤毒罐的进气口，然后用力深呼吸数次，如无空气进入，则此套面具气密性较好，如图5-4（e）所示。

步骤六：使用完毕后，退至无毒区，用力拉住上侧左右两个扣环，使紧贴面部的防毒面具松开，如图5-4（f）所示。

步骤七：用手抓住通话器部位，稍向下用力，自下而上的脱下面具，如图5-4（g）所示。

步骤八：拧下滤毒罐，如图5-4（h）所示。

步骤九：将滤毒罐拧上罐盖，塞紧底塞，如图5-4（i）所示。

（a）步骤一　　　　　　（b）步骤二　　　　　　（c）步骤三

图5-4　防毒面具的佩戴与拆卸过程

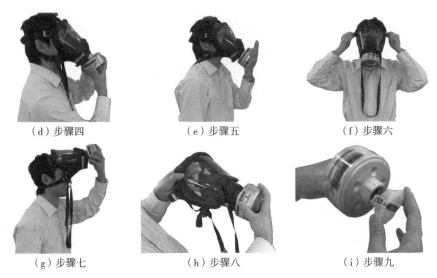

| （d）步骤四 | （e）步骤五 | （f）步骤六 |

| （g）步骤七 | （h）步骤八 | （i）步骤九 |

图5-4 防毒面具的佩戴与拆卸过程（续）

3. 注意事项

（1）在使用前，应检查防毒面具有无明显损坏或缺陷；

（2）检查滤毒罐是否符合使用标准，是否过期；

（3）佩戴防毒面具应在无毒区域进行；

（4）每次使用后，应将滤毒罐上部的螺帽盖拧上，并塞上橡皮塞后储存，以免内部受潮。

（二）防护服

1. 功能介绍

环境应急防护服是工作人员在有危险性化学物品，或腐蚀性物品的现场作业时，为保护自身免遭化学危险品或腐蚀性物资的侵害而穿着的防护服。防毒防护服主体胶布采用经阻燃增黏处理的锦丝绸布，双面涂覆阻燃防化面胶制成，主体胶布遇火只产生炭化，不溶滴，又能保持良好的强度，如图5-5所示。主体胶布经"贴合—缝制—贴条"工艺制成，服装主体和手套，并配以阻燃、耐电压、抗穿刺靴或消防胶靴构成整套服装。穿着前一定要保证化学防护服的适用性，也就是防护服是否处于完好的状态，检查防护服外表有无污染，缝线是否开裂，衣服有无破口。对于气密性防护服而言，要用专门的气密性检测仪定期进行气密性检测，以便在应急穿着时防护服能发挥作用。

图5-5　防护服

2. 使用方法

防护服的穿着要遵循一定的次序，这样可以保证防护服穿着的正确、快速，在工作中发挥防护服的效用，而且为使用后安全地脱下打下基础。一般应遵循"裤腿—靴子—上衣—面罩—帽子—拉链—手套"的次序。最后为了提高整个系统的密闭性，可以在防护服开口处，如门襟、袖口、裤管口、面罩和防护服连帽接口加贴胶带。为了增强手部的防护可以选择戴两层手套等等，在整个过程中要尽量防止防护服的内层接触到外部环境，以免防护服在一开始就受到污染。

脱下化学防护服也需要遵循一定的程序，一般是"拉链—帽子—上衣—袖子—手套—裤腿—靴子—呼吸器"。在脱下手套前要尽量接触防护服的外表面，手套脱下后要尽量接触防护服的内表面，防护服脱下后应当是内表面朝外，将外表面和污染物包裹在里面，避免污染物接触到人体和环境。脱下的防护用品要集中处理，避免在此过程中扩大污染。

（三）护目镜

1. 功能介绍

防护眼镜可以改变透过光强和光谱，避免辐射光对眼睛造成伤害，如图5-6所示。防护眼镜分两大类，一为吸收式，一为反射式，前者用得最多。这种眼镜可以吸收某些波长的光线，而让其他波长光线透过，所以都呈现一定的颜色，所呈现颜色为透过光颜色。这种镜片在制造时，在一般光学玻璃配方中再加入了一部分金属氧化物，如铁、钴、铬、锶、镍、锰以及一些稀土金属氧化物如和钕等。这些金属氧化物能使玻璃对光线中某种波段的电磁波作选择性吸收，如铈和铁的氧化物能大量吸收紫外线。采用这种玻璃镜片可以减少某些波长通过镜片的量，减轻或防止对眼造成伤害。不同颜色的防护镜片可以吸收不同颜色为主的光线。

2. 使用方法

（1）将橡皮带拉开至头围大小；

（2）将护目镜带上，护目镜四周要贴合于脸上，如图5-7所示。

图5-6　护目镜　　　　　　图5-7　护目镜的佩戴

（四）氧气呼吸器

1. 功能介绍

氧气呼吸器是通过氧气瓶和清净罐来对处于高浓度有毒气体的工作人员提供氧气的装置，氧气呼吸器主要作为煤矿军事化救护队队员的备用呼吸器，也可供化工、石油等工矿企业中受过专门训练的人员在有毒、有害气体环境中工作时佩带。佩带人员从肺部呼出的气体，由面具、通过呼吸软管和呼气阀进入清净罐，经清净罐内的吸收剂吸收了呼出气体中的二氧化碳成分后，其余气体进入气囊，另处，氧气瓶中贮存的氧经高压管、减压器进入气囊气体汇合组成含氧气体，当佩带人员吸气时，含氧气体从气囊经吸气阀、吸气软管、面具进入人体肺部，从而完成一个呼吸循环，在这一循环中，由于呼气阀和吸气阀是单向阀，因此气流始终是向一个方向流动。

2. 使用方法

（1）把呼吸器背部朝上，顶部朝向自己，将肩带放至适当长度，如图5-8（a）所示。

（2）握住呼吸器外壳两侧，使肩带位于两臂外侧，背部朝向使用者，同时顶部朝下，把呼吸器举过头顶，绕到后背并使肩带滑到肩部，如图5-8（b）所示；

（3）上身稍向前倾，两手向下拉住肩带调整端，将肩带拉直，身体直立，把肩带拉紧，如图5-8（c）所示；

（4）根据个人情况调整腰带并扣紧，如图5-8（d）所示；

（5）调整肩带，使呼吸器的重量落在臀部而不是肩部；

（6）连接胸带，但不要拉得过紧，以免限制呼吸；

（7）面罩的佩戴详见图5-8（e）~（g）。

a. 佩戴前应完全松开顶带和侧带；

b. 将面罩颚窝对准下巴，然后把头带从头顶套下；

c. 用一只手托住面罩贴紧脸，另一只手拉紧顶带和侧带。

注意：勿将面罩拉得太紧，否则会导致面罩漏气或使使用者感到不舒服，将明显减少有效防护时间。

（8）检查正压气密性。如图5-8（h）所示，用手堵住面罩吸气端并用力吸气，如果不能吸入空气，说明面罩佩戴合适，否则应调整面罩达到适配或检查呼气阀是

（a）步骤一　　　　（b）步骤二　　　　（c）步骤三　　　　（d）步骤四

（e）步骤五　　　　（f）步骤六　　　　（g）步骤七

（h）步骤八　　　　（i）步骤九

图5-8　氧气呼吸器的使用方法

否漏气，用手堵住呼气端进行呼气，检查正压气密，面罩应被呼气的压力从脸上向外推面罩，如果面罩不被推开，则应检查吸气阀是否漏气或调整面罩适配。

（9）连接面罩。如图5-8（i）所示，把接管从呼吸器上取下，放回包装箱中，接上呼吸软管。

（10）面罩连接好后，逆时针方向打开氧气瓶阀并回旋。

a.听到报警器的瞬间鸣叫声，以示瓶阀开启；

b.如果报警器不工作，换另一台呼吸器。

（11）佩戴好后，注意：

a.将呼吸器佩戴好后，首先打开氧气瓶，观察压力表所指示的压力值；

b.按手动补给按钮供气，排除气囊内积存的气体；

c.戴好面具，然后进行几次深呼吸，观察呼吸器各部件是否良好，确认各部件正常后方可进入现场。

二　污染控制类

（一）围油栏

1. 功能介绍

围油栏是溢油控制所必备的应急物资，在发生溢油时，首先用围油栏围控住溢油，防止发生扩散。围油栏还可以将溢油引导到合适区域，使其尽可能浓集，为物理方法回收提供条件。围油栏按材料分为橡胶围油栏、PVC围油栏、网式围油栏和金属或者其他材料围油栏；按浮体结构可分为固体浮体式围油栏、充气式围油栏和浮沉式围油栏；按使用水域环境可分为平静水域围油栏、平静急流水域围油栏、非开阔水域型围油栏和开阔性水域围油栏。

2. 使用方法

（1）围油栏拖动扫油；

（2）围油栏的投放、拖拽及展开，用船或其他工具将围油栏拖到使用地域，并把围油栏连接起来进行围挡。

围油栏详见图5-9。

图5-9 围油栏

（二）吸油棉

1. 功能介绍

吸油棉是采用亲油性的超细纤维织布制作，不含化学药剂，不会造成二次污染，能迅速吸收约本身重量数十倍的油污、有机溶剂、碳氢化合物、植物油等液体。吸油棉也叫吸收棉、工业吸附棉，按照吸收物质的特性分为吸油棉、化学吸液棉（又叫化学品吸附棉，吸液棉）和通用型吸附棉。吸油棉可以控制和吸附石油烃类、各类酸性（包括氢氟酸）、碱性危险化学品、非腐蚀性液体和海上大规模溢油事故等。吸附棉是油品和化学品在发生泄漏、溢漏、溅漏后，处置泄漏物最常用到的物品，如图5-10所示。

图5-10 吸油棉

2. 使用方法

当泄漏面积比较小时，可以用吸油垫，只需将其直接放进油污表面即可；当泄漏面积及量比较大时，可以使用吸油条，把污染范围控制到最小，然后清洁所有泄漏物；当建筑物内部发生泄漏时，可以用吸油卷，直接铺在地上进行吸附清洁。

（三）活性炭

1. 功能介绍

活性炭又称活性炭黑，是黑色粉末状或颗粒状的无定形碳，如图5-11所示。活性炭主成分除了碳以外还有氧、氢等元素。活性炭在结构上由于微晶碳是不规则排列，在交叉连接之间有细孔，在活化时会产生碳组织缺陷，因此它是一种多孔碳。其堆积密度低、比表面积大，主要原料可以是所有富含碳的有机材料，如煤、木材、果壳、椰壳、核桃壳等。这些含碳材料在活化炉中，在高温和一定压力下通过热解作用被转换成活性炭。在此活化过程中，巨大的表面积和复杂的孔隙结构逐渐形成，而所谓的吸附过程正是在这些孔隙中和表面上进行的。活性炭中孔隙的大小对吸附质有选择吸附的作用。这是由于大分子不能进入比它孔隙小的活性炭孔径内的缘故。

图5-11　活性炭

2. 使用方法

（1）活性炭用量不能太小，用量太小的话，接触面积小，吸附速度慢，去除的效果自然不明显；

（2）活性炭使用中应接近污染源；

（3）吸附气体时，用过一段时间（20～30天）之后，要放在阳光下暴晒（3h以上），以使其吸附的有毒气体放出；

（4）尽量让活性炭和污染物质的接触面积越大越好，活性炭只吸收接近它本身的污染物质，如果活性炭外包装得太严，透气性太差的话，就不会有明显的效果了。

第七节　延伸思考

随着国内经济社会的深刻变革和经济的飞速发展，石油石化行业的突发性事件也随之进入一个高发时期，不仅爆发的规模大、频率高，而且波及的领域宽、危害大，严重威胁周边环境甚至社会公共安全。因此，提升加强应急能力建设，对于有效预防和积极应对突发事件，保障人民群众生命健康和财产安全，促进经济平稳加快发展及社会和谐稳定，意义重大。目前，石油石化行业已经建立了突发事件应对有章可循、有法可依的制度体系，制度化、程序化的应急管理运行机制，集中统一、分级负责的管理体制，但也存在着一些问题。

一是应急处理的指挥中枢不畅问题、突发事件响应速度和快速决策能力不足。

决策指挥系统的政治压力大，以上级指示要求为主要的考量，缺乏职责明确的核心指挥人员，不太重视参谋系统和专家团队建设，与此同时有效分析和整合各方面决策信息能力不足、相对独立提出处突方案能力不足以及组织协调能力不能满足实际需要。仍然不能解决多层级、多头决策指挥问题，难以建立统一、协调、高效的决策指挥体制，多头指挥、令出多门现象严重。

二是缺乏忧患意识，存在侥幸心理。

石油石化行业的应急管理体系经过多年的建设和运转，体系不断完善，但是让企业干部树立现代应急管理理念并非易事。我们的管理理念还只是将应对突发公共事件视为常态管理的一种方式，而不是作为一种独立而特殊的管理方式。在政策制定系统中，对应急决策的重视程度不够，对突发公共事件的紧急程度和威胁性认识不够，对事件的发生概率与影响存在侥幸心理，认为突发事件的出现是偶然的，并且可能不会有太大的影响。除此之外，公众对突发事件的应急意识比较淡薄。

三是信息与共享沟通存在问题，与公共舆论和媒体沟通存在不足。

突发事件发生后，由于信息沟通不够，造成了不真实的信息在企业内部甚至社会上流传。因此，企业要高度重视突发公共事件的信息发布、舆论引导工作，坚持及时准确。同时，由于和对舆论的引导存在衔接问题，造成了事件发生时小道消息盛行、谣言和恶意留言充斥着社会。

结合上述问题，可从以下两方面提升应急能力建设：

（1）明确应急处理指挥中枢职责，提高突发事件响应速度和提升快速决策能力。要建立有效的体制、机制，重视新媒体环境。关注目标和非目标群体、直接当事群体、背后利益群体。建立集中统一、高效的决策指挥系统，解决突发公共危机事件的多层级、多头决策指挥体制问题。建立参谋系统和专家团队进行指挥中枢的建设。第一响应是应急管理的基本原则，迅速、果断的决策和行动是处理突发事件的决定性因素。

（2）强化风险识别意识，提升突发事件管理理念。重视前期和基础工作，抓早、抓小是关键。树立科学的公共危机管理理念。一是树立预防为主的理念。应按照预防为先、教育为先、人才培养为先的思路，将危机预警作为危机管理的第一道防线，在危机爆发之前做好预判，作最坏的打算、最好的准备，将危机的危害降到最低；加大危机管理人才培养力度，为科学应对危机提供人才支撑。二是树立危机可防可控的理念。随着信息化水平的提升，公共危机事件会不断增多，我们应冷静客观地看待这种变化，没有必要过度担心危机可能造成的混乱，只要科学预防、及时处置，任何危机都能得到控制。同时要加强处突应急演练，总结经验、教训与反思，不断提高自身处理突发事件的能力。

思考题

1．环境应急能力的定义是什么？
2．库站水污染应急处置中的三关原则是什么？

参考文献

［1］中华人民共和国环境保护法. [EB/OL]. http://www.mee.gov.cn/home/ztbd/swdyx/2010sdn/zcfg/201001/t20100113_184209.shtml.

［2］中华人民共和国突发事件应对法. [EB/OL]. https://www.119.gov.cn/article/3x9doKliznj.

［3］中华人民共和国水污染防治法. http://www.gov.cn/flfg/2008-02/28/content_905050.htm.

［4］中华人民共和国土壤污染防治法. [EB/OL]. http://zwgk.cangzhou.gov.cn/article5_new.jsp?infoId=712358.

［5］中华人民共和国大气污染防治法. [EB/OL]. http://www.gov.cn/bumenfuwu/2012-11/13/content_2601279.htm.

［6］中华人民共和国固体废物环境污染防治法. [EB/OL]. http://paper.people.com.cn/rmrb/html/2020-06/10/nw.D110000renmrb_20200610_1-15.htm.

［7］中华人民共和国生态环境部官网 [EB/OL]. http://www.mee.gov.cn/.

［8］中华人民共和国应急管理部官网 [EB/OL]. https://www.mem.gov.cn/.

［9］国家标准全文公开系统 [EB/OL]. http://www.gb688.cn/bzgk/gb/.

［10］百度百科 [EB/OL].https://baike.baidu.com/.

［11］沈郁. 事故隐患治理项目后评估程序及重点内容研究 [J]. 安全、环境和健康,2011(06)：30-33.

［12］赵文芳. 石化企业水体污染风险辨识与防控 [J]. 环境污染与防治. 2008(08)：1-3.

［13］刘钊,宋文华. 浅析国内外企业环境风险管理发展历程与区别 [J]. 城市建设理论研究,2012(22).

［14］高军,宋书贵. 中央企业应急管理能力评价指标体系初探 [J]. 现代管理科学.2011(02):201-208.

［15］孙自涛. 危险化学品事故应急救援预案编制过程问题讨论 [J]. 安全、健康和环境,2006,6(2):157-160.

［16］王宏伟. 突发事件应急管理 [J]. 安全、健康和环境,2009:133-136.

［17］刘茂,吴宗之. 应急救援概论——应急救援系统及计划 [J]. 安全、健康和环境,2004:222-235.

［18］纪英奎. 浅谈企业应急管理体系建设 [J]. 企业研究,2011(18):141-144.

[19] 刘仁辉,安实.面对突发事件企业应急管理策略[J].管理世界,2008(05):147-151.

[20] 齐福荣.湖南省突发公共事件应急管理体系建设现状与启示[J].防灾科技学院学报,2009(02):133-136.

[21] 王萌.我国突发事件应急法制问题浅析[J].理论研究,2010(01):119-121.

[22] 李学同.我国应急法制建设中的问题与对策研究[J].理论前沿,2009(01):147-151.

[23] 袁记平.突发事件与饮用水应急保障机制[J].水资源保护,2009(06):213-216.

[24] 崔维.应急预案编制:问题与优化[J].山东行政学院学报.2012(01):173-178.

[25] 谢璇.突发公共事件中的信息传播现状与应对[D].暨南大学2012:173-174.

[26] 钟开斌.中国应急预案体系建设的四个基本问题[J].政治学研究.2012(06):202-208.